피타고라스
생각 수업

HOW TO THINK LIKE MATHEMATICIANS

수학자는 어떻게 발견하고 분석하고 활용할까

피타고라스 생각 수업

이광연 지음

유노 라이프
LIFE

· 들어가며 ·

피타고라스는 왜 세상을 '수'라고 했을까

인류가 지구 생태계에서 가장 높은 자리를 차지하고 있는 이유는 무엇일까요? 지구에 사는 수많은 동식물 중에서 왜 하필 인간만이 문명을 이루었을까요?

동식물도 자신이 속한 세계에서 본능에 따라 열심히 살고 있습니다. 자연의 섭리에 따라 먹고, 자고, 쉬고, 자손을 퍼뜨리지요. 사람도 마찬가지입니다. 그러나 그들과 우리가 다른 점은 '생각한다'라는 사실입니다.

사람은 일정한 틀에 갇혀서 넘을 수 없는 경계를 그저 바라보기만 하는 닫힌 생각이 아닌, 우주를 넘어 무한에 이르는 아주 광대하고 자유로운 생각을 하지요. 이것을 '사고(思考)의 자유'라고 말하고 싶습니다.

사고의 자유를 이루는 방법은 대체로 문학을 통하는 방법과 철학을 통하는 두 가지 방법이 있습니다. 전자의 경우는 다분히 주관적이기 때문에 글을 읽고, 이해하고, 발전시키는 공통 범위가 매우 한정적입니다.

폭넓은 사고의 자유를 누리기 위해서는 철학 쪽으로 눈을 돌려야 합니다. 물론 철학에도 주관이 작용하지만, 대부분은 누구나 공감하고 인정하는 아주 객관적인 내용을 다룹니다. 즉, 철학은 자신의 주장을 다른 사람이 이해하고 공감할 수 있도록 논리적으로 전개해야 합니다. 이때 필요한 것이 바로 '수학적 사고', 즉 '수학자의 생각'이지요.

보통 사람들은 "수학을 공부하면 머리가 아프지 않습니까?"라고 묻습니다. 또 어떤 사람은 "도대체 수학을 왜 공부할까?"라고 묻기도 하지요. 이러한 물음에 어떤 사람은 "그러게, 그 어려운 수학을 왜 하는 거야?"라고 반문하기도 하고, "좋은 대학교에 가려면 수학은 꼭 해야지"라고도 덧붙이지요. 그러나 이러한 말은 진정한 자유를 모르는 말입니다.

우리는 과연 수학을 왜 배울까요? 수학을 왜 배우냐는 질문은 꽤 오래도록 지속되었습니다. 기원전 300년경 고대 그리스 수학자였던 유클리드(Euclid)와 그의 제자의 대화에서 답을 엿볼 수 있습니다.

"선생님, 사람들이 왜 수학을 배워야 하냐고 묻습니다."

"그에게 동전 한 닢을 줘라. 그는 수학으로 무엇인가를 얻어야 하기 때문이다."

그로부터 약 2300년이 지난 후에 비슷한 일이 또 벌어졌습니다. 러시아의 수학자 페렐만(Перельма́н)이 세계 7대 난제의 하나였던 '푸앵카레의 추측'을 증명했습니다. 그는 자신이 이룬 성과에 대하여 어떤 보상도 원하지 않았습니다. 이 문제를 해결했을 때 주어지는 상금 100만 달러도, 최고 대학교의 교수도, 수학계의 노벨상으로 알려진 필즈상 수상도 마다했지요. 그에게 사람들이 이유를 묻자 그는 다음과 같이 말했습니다.

"내가 우주의 비밀을 좇고 있는데 어찌 100만 달러에 연연해야 하나요?"

유클리드와 페렐만은 '수학은 세상의 비밀과 가려진 진실을 밝히는 것으로도 의미가 충분하고, 다른 무엇인가를 얻기 위한 도구는 아니다'라고 생각했음에 틀림없었지요. 그들에게서 수학은 오직 진리 탐구의 매개일 뿐 수학을 공부하는 목적을 다른 것으로 대신할 수 없다는 생각을 엿볼 수 있습니다.

실제로 그동안 수학은 인류 문명의 진보를 이끌었고, 이는 수학자들의 수학적 사고와 결과가 있었기 때문에 가능했지요. 하지만 아직도 우리가 모르는 영역과 밝혀야 할 것은 무궁무진합니다.

수학자 뉴턴(Newton)은 "내 눈앞에는 아직도 밝혀지지 않은 진리를 안고 있는 넓은 바다가 펼쳐져 있다"라고 말하기도 했지요.

인류가 문명을 일으키고 발전시키기 시작한 아주 오랜 옛날부터 오늘날의 제4차 산업혁명 시대까지 수학은 끊임없이 발전과 새로운 발견을 지속하고 있습니다. 이 과정에서 인류 문명은 해결해야 할 문제를 만들었고, 많은 경우에 수학은 그에 대한 답을 해 왔습니다.

문명과 수학의 상호작용 덕분에 우리는 지도를 제작하고, 항해술을 발전시켜 각국이 교류해 왔습니다. 라디오, 텔레비전, 전화기, 컴퓨터 등을 사용했으며, 마침내 우리는 가까운 미래에 인공지능이 탑재된 로봇과 함께 생활할 예정입니다. 그렇기에 수학은 현대문명을 합리적으로 운영하고 발전시켜 21세기를 살아가는 우리에게 창조적이고 논리적인 생각을 제공하는 기초가 되어 줍니다.

우리가 원하든 원하지 않든 또 느끼든 느끼지 못하든, 수학자들의 생각은 인류의 문명을 발전시키고 미지의 세계에 대한 끊임없는 도전과 역경을 헤쳐 가는 삶의 방식을 이루었습니다. 이러한 수학적 사고는 결코 전문가의 전유물이 아닙니다. 우리 일상에서 아주 오래전부터 현재에 이르기까지 존재하며, 지속적으로 발전해 왔습니다. 수학적 사고의 발전과 계승이 우리가 수학을 공부하는 이유 중 하나이지요.

수학은 머리가 좋아야만 할 수 있는 공부가 아닙니다. 간단히 논리적인 생각을 할 수 있으면 누구나 할 수 있지요. 또 생각의 유희를 즐기길 원하는 사람이면 누구나 할 수 있습니다. 물론 수학만으로 생각을 크게 키울 수는 없겠지요. 하지만 생각을 키울 때 논리적인 방법으로, 발상의 전환으로, 사고력의 폭을 넓혀 주는 데는 수학이 최고입니다. 수학으로부터 진리를 찾을 때는 어디서도 얻을 수 없던 새로운 기쁨을 느낄 수 있지요.

위대한 수학자 피타고라스(Pythagoras)는 최초로 자신을 '철학자'로 불렀습니다. 그가 말한 철학자는 '지혜를 사랑하는 사람'이지요. 피타고라스에 따르면 철학자가 철학을 하기 위해 가장 먼저 공부해야 하는 분야가 바로 '수학'입니다. 자신의 모든 제자에게 반드시 수학을 공부하라고 가르쳤고, 마침내 피타고라스는 자신의 모든 철학을 수학 위에 건설했습니다.

우리가 피타고라스와 그의 제자는 될 수 없지만 적어도 그의 주장대로 지혜를 사랑하는 사람이 되려면 지금부터라도 수학을 알아가야 합니다. 수학을 공부한다고 생각하기보다는 '생각 공부'를 한다고 여기면 수학이 즐거워질 것입니다.

수학자처럼 생각할 때 많은 이점이 있습니다. 복잡한 세상의 문제를 단순화할 수 있고, 모호한 상황을 명료하게 만들 수 있습니다. 세상을 숫자로 비춰볼 때의 재미, 수학적으로 생각할 때의 깨달음, 인류 문명의 과거와 현재, 그리고 미래를 보는 새로운 시각까지 얻을 수 있습니다.

피타고라스는 이 세상은 모두 수로 이루어졌기 때문에 '만물의 근원은 수'라고 주장했습니다. 우리 모두 수학자처럼 세상을 보는 새로운 생각을 얻기를 바랍니다.

여러분의 수학자,

이광연

• 목차

2장
논리에 대한 생각, 일상을 분석하기

3장
창의에 대한 생각, 상상하고 질문하기

4장
발명에 대한 생각, 발상을 전환하기

5장
공부에 대한 생각, 기초에서 확장하기

6장
활용에 대한 생각, 수학자처럼 생각하기

나가며

1장

문제에 대한 생각, 보이지 않는 것을 발견하기

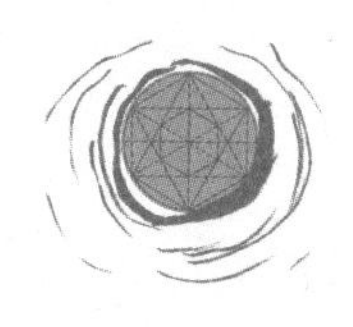

How To Think Like
Mathematicians

01

세상을 문제로 보는 시선

외판원 문제

사람들은 대개 '수학'을 문제 풀이를 위한 도구쯤으로 생각합니다. 하지만 수학은 '문제를 풀기 위한 도구'라기보다는 '문제를 찾기 위한 도구'이고, 수학자는 '문제를 푸는 사람'이 아니고 오히려 '문제를 만드는 사람'입니다. 그래서 우스갯소리로 수학자를 '문제아'라고 부르기도 하지요.

그렇다고 아무 문제나 만들지는 않습니다. 우리는 세상을 살아가며 종종 해결하기 어려운 실생활 문제에 맞닥뜨리게 됩니다. 이런 문제를 해결하기 위하여 수학자는 일상 속 문제를 수학적 문제로 변환하고, 변환된 수학 문제를 현실 문제에 적용함으로써 실생활 문제를 해결합니다. 이런 경우에 수학자는

'문제를 푸는 사람'입니다. 하지만 아직 세상에 등장하지 않은 다양한 상황과 문제를 고민하고, 어떻게 해결할지 답을 낼 경우에 수학자는 '문제를 만드는 사람'입니다. 이러한 문제는 대부분 이론적인 상황을 설정해 제시되는데, 많은 경우가 짧게는 십 년에서 길게는 몇백 년 뒤에 등장하는 어려움을 해결합니다. 이를테면 13세기 초반에 등장했던 '피보나치 수열'은 약 700년이 지난 오늘날 자연 현상을 해석할 때뿐만 아니라 전자통신 등 첨단 분야에 활용되지요. 또 다른 예를 들어 볼까요?

지금은 거의 없지만 예전에는 소비자를 직접 찾아다니며 각종 상품을 판매하는 외판원이 있었습니다. 예를 들어 어느 화장품 외판원이 회사에서 출발해 소비자의 집을 방문하고 화장품을 판매한다고 합시다. 그리고 회사로 되돌아와서 판매한 화장품을 정산하겠지요.

이때 외판원은 한 번 방문했던 집은 다시 방문하지 않고 여러 집을 빠짐없이 들르고 다시 회사로 돌아와야 하기 때문에 모든 소비자의 집을 방문하면서도 이동 비용은 최소로 드는 가장 좋은 조건의 경로를 찾아야만 하지요. 수학을 여기에 접목하면, 외판원이 모든 방문지를 단 한 번만 방문하고 원래 시작점으로 돌아오는 최소 비용의 이동 순서를 구할 수 있습니다.

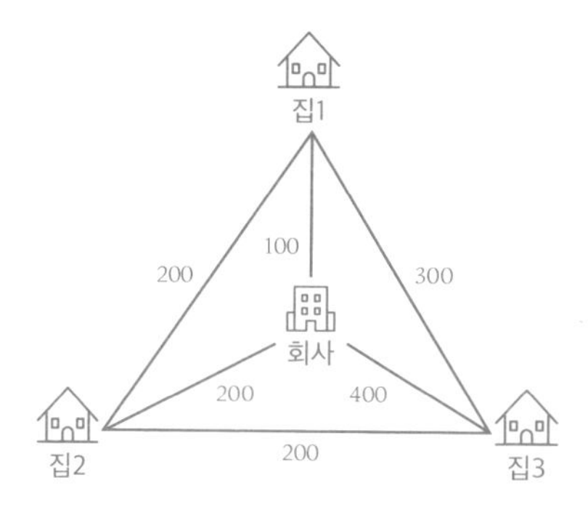

예를 들어 위의 그림처럼 회사와 소비자의 집 세 곳을 잇는 길은 선으로 나타내고, 선 위에 표시된 수는 두 지점 사이의 교통비라고 해 봅시다. 그러면 외판원이 회사에서 출발해 처음 방문할 수 있는 집은 세 곳, 두 번째로 방문할 수 있는 집은 두 곳, 마지막으로 방문할 수 있는 집은 한 곳입니다. 따라서 외판원이 회사에서 출발해 세 곳의 집을 들러 다시 회사로 돌아가는 방법의 수는 모두 $3!=3\times2\times1=6$입니다. 여섯 가지 방법 중에서 최소 비용을 선택하는 편이 가장 유리하겠지요. 실제로 외판원이 다닐 수 있는 여섯 가지 경우와 그때의 거리를 구하면 다음과 같습니다.

① 회사-집1-집2-집3-회사=100+200+200+400=900

② 회사-집1-집3-집2-회사=100+300+200+200=800

③ 회사-집2-집1-집3-회사=200+200+300+400=1,100

④ 회사-집2-집3-집1-회사=200+200+300+100=800

⑤ 회사-집3-집1-집2-회사=400+300+200+200=1,100

⑥ 회사-집3-집2-집1-회사=400+200+200+100=900

만약 여러분이 외판원이라면 위의 여섯 가지 경로 중에서 어떤 경로를 고를 것인가요? 분명히 최소 비용으로 이동할 수 있는 경로인 ②나 ④ 중에서 한 가지를 택하겠지요.

외판원이 방문할 집이 세 곳인 경우는 일일이 계산하면 되지만 방문해야 할 집이 점점 많아진다면 방문할 수 있는 경로의 수는 매우 빠르게 증가합니다. 이를테면 집이 네 곳이면 가능한 경로의 수는 $4!=4\times3\times2\times1=24$가지이고, 다섯 곳이면 $5!=120$가지입니다. 그런데 집이 열 곳이라면 방문할 수 있는 경로의 수는 무려 $10!=3,628,800$가지입니다. 방문할 집이 열 곳만 되어도 하루 동안 일일이 손으로 계산해 가장 유리한 경로를 찾기란 불가능합니다. 이때, 바로 수학이 필요하지요.

앞에서 예로 들었던 문제를 '외판원 문제'라고 하며, 이러한 문제를 수학에서 그래프 이론으로 표현하면 다음과 같습니다.

· 각 변에 가중치가 주어진 완전 그래프에서 가장 작은 가중치를 갖는 해밀턴 순환을 구하라.

오늘날 외판원 문제는 택배기사가 물건을 배달하기 위해 출발하기 전 목적지를 살핀다든지, 외근 나가는 직원이 아침에 이동 경로를 따져볼 때에도 활용할 수 있습니다. 대부분 택배기사는 배달할 물량에 대한 경로를 수학으로 풀지는 않을 것입니다. 하지만 머릿속에서는 하루 동안 어떤 경로로 물건을 배달할지 생각하고, 자신의 생각을 따라 차근차근 물건을 배송하겠지요. 의도하지 않았고 비록 선택한 경로가 가장 좋은 선택이 아닐지라도, 택배기사는 자신도 모르는 사이에 수학을 한 셈이지요.

외판원 문제는 우리가 생각하는 것보다 일상생활에서 많이 쓰이고 있습니다. 예를 들어 여러분이 집에서 출발해 여러 곳을 방문하고 되돌아와야 한다면, 외판원 문제를 적용해 방문할 곳을 빠르게 방문하고 돌아와서 쉴 수 있지요.

버스로 전국을 여행한다면 외판원 문제로 시간과 경비를 최소로 할 수 있지요. 또 지하철과 시내버스 노선, 도시 가스관과 수도관 등을 설치할 때도 활용할 수 있습니다.

금처럼 희귀 금속을 사용하는 각종 전자회로에 외판원 문제를 적용하면 회로의 길이가 줄어든 만큼 금을 아낄 수 있으므로 재료비를 절감하기도 합니다.

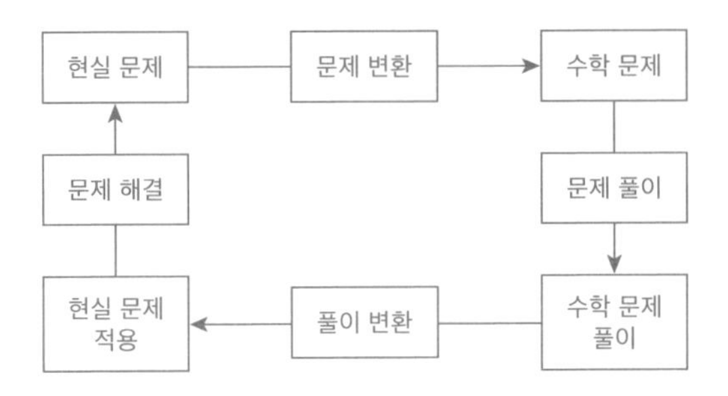

이처럼 우리의 일상을 '수학으로 해결하려는 생각'이 바로, '수학적 사고'입니다. 수학은 이러한 현실 문제를 수학 문제로 변환하고, 변환된 수학 문제를 해결하는 방법을 찾아냄으로써 원래 주어진 현실 문제를 해결할 수 있게 합니다. 수학은 현실의 어려움을 해결하기에 가장 적절한 문제를 만들고 해결합니다. 이와 같은 모든 과정은 수학적 사고이고, 수학적 사고를 잘하는 사람이 바로 수학을 잘하는 사람입니다.

요즘 우리나라 사람들은 수학을 현실 생활과 동떨어진 학문이라며 수학에 대해 "돈 계산만 잘하면 되지, 뭘 그리 어려운 걸 공부해?"라고 말합니다. 하지만 오늘날 수학은 우리 삶과 떼려야 뗄 수 없는 존재입니다. 그동안 축적되었던 많은 수학 이론과 공식이 우리 삶을 조금씩 바꾸고 있지요. 도심 상권 분석, 에너지 효율 최적화, 전자 거래 보안 솔루션, 주가와 환율, 유가 예측, 그리고 인공지능과 빅데이터 등 활용 범위를 가늠할 수 없을 정도입니다.

피타고라스도 '만물의 근원은 수'라고 주장했고, 그에게 수학은 반드시 공부해야 할 분야였지요. 제자들을 양성할 때도 수학을 이용하여 가르침을 전했습니다. 피타고라스는 '수는 영원불멸한 형태를 이해하고 영혼을 이끄는 힘을 가졌다'라고 믿었었지요.

점점 더 수학을 활용한 회사가 생겨나고 금융·에너지·제조를 가리지 않고 많은 분야의 회사들이 수학자를 찾고 있습니다. 특히 제4차 산업혁명 시대에 접어들면서 더욱 인공지능과 로봇보다 인간이 잘할 수 있는 분야가 바로, 수학입니다. 그래서 많은 학자들이 '미래는 수학 전쟁의 시대'라고 하지요.

어떻게 해야 수학자처럼 생각하고, 수학을 잘할 수 있을까요? 본격적으로 수학의 세계로 탐험을 떠나 봅시다!

02

때로는 추측이 문제를 해결한다

페르미 추정

혹시 다음과 같은 질문에 답할 수 있나요?

· 우리나라에서 하루에 팔리는 치킨은 몇 마리일까?

· 시카고에 있는 피아노 조율사는 모두 몇 명일까?

· 서울에 미용실은 몇 곳일까?

질문에 선뜻 답하기 쉽지 않지요. 그러나 수학적으로 생각한다면 어렵지 않게 답을 얻을 수 있습니다.

우선 첫 번째 질문에 대한 답을 구해 봅시다. 과연 우리나라에서 하루에 팔리는 치킨은 몇 마리일까요?

현재 우리나라 인구는 약 5,000만 명이고, 2~3명이 한 가구를 이룬다고 가정하면 전체 가구 수는 약 2,000만입니다. 그렇다면 한 가구당 평균적으로 얼마나 자주 치킨을 주문할까요?

하루 한 번은 너무 잦고 한 달에 한 번은 너무 드물게 주문하는 듯하니, 대략 일주일에 한 번 정도 주문한다고 가정해 봅시다. 그러면 일주일에 2,000만 마리의 치킨이 팔리고, 일주일은 7일이므로 하루에 팔리는 치킨은 2,000만을 7로 나눈 값이므로 $20{,}000{,}000 \div 7 \approx 2{,}857{,}000$입니다. 따라서 평균적으로 하루에 약 290만 마리의 치킨이 팔린다고 봅니다.

이 추측으로부터 우리나라에 있는 치킨집의 수도 짐작할 수 있습니다. 치킨집을 운영하려면 적당한 이익이 보장되어야 하는데, 하루에 10마리 정도만 팔리면 치킨집은 문을 닫을 테지요. 그렇다고 하루에 1,000마리 정도를 튀겨낼 수 있는 치킨집은 많지는 않습니다. 그래서 각 치킨집은 하루에 평균적으로 40마리 정도 팔고, 일주일에 6일을 영업한다면 한 가게당 일주일에 240마리의 치킨을 판다고 예측할 수 있습니다. 그런데 일주일에 2,000만 마리가 필요하므로 $20{,}000{,}000 \div 240 \approx 83{,}000$입니다. 즉, 우리나라에는 약 8만 3,000개의 치킨집이 있다고 추정할 수 있지요.

실제로 2019년 6월 3일 자 〈한국경제신문〉에 따르면 우리나라에 있는 치킨집은 약 8만 7,000개입니다. 약 4,000개 정도

차이는 나지만, 이 정도면 훌륭한 근삿값입니다. 왜냐하면 약 4,000개의 치킨집은 손해를 볼 수밖에 없으므로 치킨이 거의 팔리지 않는 집이기 때문이지요.

위와 같은 문제 해결 방법을 '페르미 추정'이라고 합니다. 1938년 노벨 물리학상을 받은 이탈리아계 미국 물리학자 엔리코 페르미(Enrico Fermi)로부터 기인했습니다. 페르미 추정을 '추측하여 값 구하기'라는 의미로 '게스티메이션'이라고도 합니다.

페르미는 미국 로스앨러모스 연구소의 부소장이었습니다. 1942년 최초로 인공적인 핵반응로 실험에 성공했고, 1944년부터 핵무기 개발 계획인 '맨해튼 프로젝트'를 수행했습니다.

제2차 세계대전이 막바지로 치닫던 1945년 7월 16일에 미국 뉴멕시코 주 사막 한가운데서 사상 최초의 핵무기 폭발 실험이 진행되었습니다. 그날 폭심에서 약 10킬로미터 떨어진 베이스캠프에 있던 페르미는 실험용 폭탄이 터질 때 위력이 어느 정도인지 간단한 실험으로 추측했습니다. 페르미는 핵폭탄이 터지자 폭발로 일어난 바람에 종잇조각을 찢어 날려 보냈습니다. 그때 그는 다음과 같이 추정했습니다.

폭발 후 약 40초가 지나자, 폭풍이 내게 닿았다. 나는 충격파가 지나가기 이전, 도중, 나중에 각각 작은 종잇조각을 약 1.8미터 높이에서 떨어뜨려 그 폭발력을 추정해 봤다. 그때 마침 바람이 불지 않았기에, 나는 폭풍이 지나가는 도중에 떨어진 종잇조각의 변한 위치를 명확하고 사실적으로 측정할 수 있었다. 종잇조각이 날아간 거리는 약 2.5미터 정도였고, 그때 이 정도면 트라이나이트로톨루엔 1만 톤의 폭발 위력에 해당한다.

페르미는 잠깐의 계산으로 핵폭탄의 위력이 트라이나이트로톨루엔(TNT, trinitrotoluene) 1만 톤이라는 사실을 알아냈습니다. 실제로 이 실험에서 핵폭탄의 정확한 폭발력은 트라이나이트로톨루엔 1만 8,600톤이었다고 합니다.

페르미는 이런 방법을 1940년 시카고대학교에서 강의 도중에 처음 사용했습니다. 페르미는 학생들의 사고력을 기르기 위해 "시카고에 사는 피아노 조율사는 몇 명일까?"라는 문제를 냈지요. 학생들이 이 문제에 답을 못하자 페르미는 다음과 같이 가정했습니다.

① 시카고의 인구는 약 300만 명이다.

② 가구당 구성원은 약 3명이다.

③ 피아노 보유율을 10퍼센트 정도라 하자.

④ 피아노 조율은 일 년에 한 번 한다고 가정한다.

⑤ 조율사가 조율하는 시간은 이동 시간을 포함해 2시간 정도이다.

⑥ 조율사는 하루 8시간, 주 5일, 1년에 50주 동안 일한다.

페르미는 가정을 바탕으로 다음과 같이 대략적인 피아노 조율사의 수를 추론했습니다.

① 인구는 300만이고 3명이 한 가구를 이루므로 시카고에는 약 100만 가구가 있다.
(3,000,000 ÷ 3 = 1,000,000)

② 피아노 보유율이 10퍼센트이므로 시카고에 있는 피아노는 약 10만 대이다.
$(1{,}000{,}000 \times \frac{10}{100} = 100{,}000)$

③ 피아노 조율은 일 년에 한 번 한다고 가정했으므로 시카고의 피아노 조율은 연간 10만 건이다.

④ 피아노 조율사는 피아노 한 대를 조율하는데 2시간이 걸리고, 하루에 8시간 일하므로 하루에 4대의 피아노를 조율할 수 있다.

⑤ 조율사는 주 5일, 1년에 50주를 일하므로 조율사 한 명이 1년에 조율할 수 있는 피아노는 1,000대다.

⑥ 따라서 시카고에 있는 피아노 조율사의 수는 100명이다.
(100,000 ÷ 1,000 = 100)

페르미가 얻은 피아노 조율사 수는 당시에 실제 시카고 전화

번호부에 있는 수와 비슷했다고 하니, 아주 엉터리 추정은 아니었음을 알 수 있습니다. 이러한 추정에 기초한 페르미 추정은 기초적인 지식과 논리적 추론을 통해 짧은 시간에 근삿값을 얻는 수학적 과정을 거칩니다.

이제 페르미 추정으로 앞에서 질문했던 '서울에 미용실은 몇 곳일까?'라는 문제를 해결해 볼까요?

우선 페르미처럼 몇 가지 가정을 세워야겠지요.

① 서울의 인구는 약 1,000만 명이다.

② 한 달에 한 번씩 미용실에 간다.

③ 미용실은 일주일에 한 번 쉬고, 한 달에 26일 일한다.

④ 한 미용실에 미용사 평균 3명이다.

⑤ 한 미용사는 한 시간에 2명의 머리를 다듬는다.

⑥ 미용사는 하루에 10시간 일한다.

위의 가정을 따르면 한 달에 미용실에서 받는 손님은 1,000만 명이고, 한 미용실에서 받을 수 있는 손님은 $3\times2\times10=60$명입니다. 한 미용실에서 받을 수 있는 한 달 동안의 손님은 $60\times26=1,560$명이고요. 따라서 서울에 있는 미용실의 수는 $10,000,000\div1,560\approx6,410$입니다. 즉, 서울에는 약 6,500개의 미용실이 있다고 추측할 수 있습니다.

페르미 추정은 치킨의 판매량, 미용실의 수, 어떤 집회에 참여한 사람 수처럼 단순한 생활 문제에만 활용되지 않습니다.

최근 과학계에는 '우리 은하에 외계 문명이 몇 개나 있는지'를 관심 있게 보고 있습니다. 과학자들은 우주 전체가 아니고 태양계가 속한 우리 은하에만 약 36개의 외계 문명이 존재한다고 추정했습니다. 다만 외계 문명은 거리가 너무 멀기 때문에 서로 왕래할 수 없다고 추측했지요. 이런 추정으로부터 셀 수 없이 많은 은하가 존재하는 우주 전체에, 셀 수 없이 많은 외계 문명이 존재함을 알 수 있습니다.

원래 외계 문명의 수를 추측하는 방법에는 '드레이크 방정식'이 있습니다. 이 방정식은 인간과 교신할 수 있는 지적인 외계 생명체의 수를 계산하는 식으로 1960년대에 방정식을 최초로 고안한 프랭크 드레이크(Frank Drake) 박사의 이름을 딴 것입니다. 이 방정식도 페르미 추정으로 만들어졌지요. 페르미 추정은 일상생활뿐만 아니라 첨단 과학까지 다양한 분야에서 빈번하게 활용됩니다.

페르미 추정은 정확한 답을 찾기 위한 수식이 아닙니다. 최소한의 조건에서 제시된 문제의 답을 얼마나 논리적으로 찾는지 그 과정을 알아보는 수식이지요. 페르미 추정은 미적분처럼 고도의 수학적 내용이 필요하지 않으며, 초등학교에서 배운 간단한 산술과 기본 상식, 그리고 논리적 사고력이면 충분히 써먹을 수 있습니다. 페르미 추정은 짧은 시간에 합리적인 가정과 논리적인 가설을 사용해 대략적 추정치를 얻는 데 의미가 있지요. 아는 정보가 많을수록 유리하므로 페르미 추정은 아는 정보를 최대한 활용해서 새로운 정보를 생산해야 합니다.

오늘날 세상은 하루가 다르게 빠르게 변하고, 빠른 변화에 따라 불확실성은 점점 커지고 있습니다. 이런 상황에서 페르미 추정을 활용하면 누구나 알고 있는 간단한 상식으로부터 신속하게 불확실성을 줄여줄 정보를 얻을 수 있고, 이런 정보로 유익한 추론을 빠르게 할 수 있습니다. 물론 정확한 추론은 통계로 엄격하게 검증해야 하지만 빠른 결정과 시시각각 변하는 초정보 시대에 적응하기 위해서 페르미 추정은 매우 훌륭한 '휴대용 정보 추출기'이지요.

정보 추출기는 우리 모두의 머릿속에 있습니다. 지금 우리가 그것을 사용하고 있는지, 아니면 녹슬게 놔두고 있는지 생각해 볼 문제입니다. 불확실한 세상 속에서 명료한 답을 얻으려면 이와 같은 수학적 사고가 필요하기 때문입니다.

03

옛것을 알아야 새것을 안다

온고이지신

한글은 생각을 말이나 글로 표현할 수 있고, 영어는 외국인과 대화할 수 있고, 과학은 우리 생활을 편리하게 만드는 데, 도대체 수학은 어디에 필요할까요?

과학 분야에서도 가장 고고하고 순수한 학문이라 일컬어지는 수학은 여러 분야에서 응용되지만 눈에 드러나는 경우는 거의 없습니다. 수학은 기껏 마트나 시장에 가서 물건을 살 때 물건 값을 치르려고 덧셈과 곱셈을 하고, 거스름돈을 제대로 받았는지 알기 위해 뺄셈을 하고, 산 물건을 공평하게 분배하기 위해 나눗셈하는 정도면 끝이지요. 더욱이 요즘은 계산대로 물건을 통과시키면 컴퓨터가 알아서 값을 다 계산해 주고, 심지어 신용카드로 물건 값을 치르기 때문에 더하기, 빼기, 곱하기, 나누기처럼 사칙계산은 굳이 필요하지도 않습니다. 이렇게 놓고 보니 수학은 진짜로 쓸모가 없어 보입니다. 여기에 얽힌 재미있는 이야기가 있습니다.

몇 명이 깊은 계곡을 여행하다가, 계곡의 아름다운 경치에 정신을 빼앗겨 그만 길을 잃고 말았다. 그래서 그들은 어떻게 길을 찾을 것인지를 놓고 의논했다. 그때 일행 중 한 사람이 말했다.

"이곳은 계곡이니까 소리 지르면 메아리쳐서 멀리까지 들릴 것입니다. 그러면 누군가 그 소리를 듣고 우리를 도와줄 것입니다."

그래서 사람들이 동시에 소리를 질렀다.

"도와주세요. 우리는 길을 잃었습니다."

그리고 약 30분이 지나자 그 사람의 말대로 멀리서 누군가의 목소리가 들려왔다.

"여보세요, 당신은 길을 잃었습니다."

그러고는 아무런 대답이 없었다. 그러자 길을 잃은 사람 중 한 사람이 말했다.

"저 사람은 분명히 수학자입니다."

다른 사람이 어떻게 그가 수학자인지 알 수 있느냐고 묻자, 그는 이렇게 말했다.

"세 가지 이유 때문입니다. 첫째, 그는 우리가 말한 질문을 한참 동안 생각하고 대답했습니다. 둘째, 그의 대답은 맞습니다. 셋째, 그의 대답은 지금 우리에게는 전혀 필요 없는 답입니다."

수학이 중요하다는 말은 숱하게 듣지만, 이야기에서도 알 수 있듯이, 도대체 수학이 왜 필요한지 알기는 쉽지 않습니다. 수학을 전공하거나 수학자가 될 것도 아니라면 덧셈, 뺄셈, 나눗셈, 곱셈 정도만 알아도 살아가는 데 아무 문제가 없으니까요.

그런데도 우리는 초등학교 6년, 중학교 3년, 고등학교 3년을 합하여 12년 동안 수학을 배웁니다. 왜 그렇게 배울까요? 단지 좋은 대학교에 가기 위해 필요할까요? 아니면 사람들의 두뇌 능력을 변별하기 위해서일까요? 도대체 이렇게 어렵고 힘든 수학이 왜 필요한 것일까요?

가상 속 이야기로 수학이 왜 필요한지 더 풀어 봅시다.

배경은 서기 2050년 매스 박사의 연구실입니다. 매스 박사는 20년의 연구 끝에 드디어 타임머신을 완성하여 지오와 아리라는 아이들을 기원전 500년경 고대 이집트의 학교로 시간 여행을 보내기로 했습니다.

매스 박사가 출발 버튼을 누르자 지오와 아리가 탄 타임머신은 눈 깜짝할 사이에 시간을 거슬러 기원전 500년경 고대 그리스에 있는 한 학교에 도착했습니다. 그 학교에서는 마침 과학 수업이 진행되고 있었고, 그곳의 선생님은 이렇게 말했습니다.

“여러분, 우리가 사는 지구는 평평합니다. 그리고 태양은 헬리오스의 황금마차에 실려 하루에 한 번씩 동쪽에서 서쪽으로 하늘을 가로질러 갔다가, 밤이면 큰 배에 실려 지하 세계를 흐르는 강을 타고 다시 동쪽으로 옮겨지기를 반복합니다.”

그 말을 듣고 아리가 선생님에게 말했지요.

“아니에요, 지구는 둥근 공처럼 생겼어요. 그리고 태양이 지구 주위를 도는 것이 아니라 지구가 태양 주위를 돌아요.”

아리의 말에 선생님과 학생들은 한바탕 웃더니 “지구가 둥근 공처럼 생겼다면 옆이나 밑에 있는 사람은 모두 우주로 떨어지겠지. 그리고 지구가 움직이면 우리가 어지러워서 어떻게 살 수 있겠니? 말도 안 되는 소리 하지 말고 당장 나가!”라고 말했지요.

지오와 아리는 선생님과 학생들에게 바보 취급을 당하고 쫓겨났습니다. 지오와 아리는 다시 타임머신을 타고 더 과거인 기원전 1000년경으로 갔지요. 그곳 학교에서는 수학 수업을 하고 있었습니다.

"토끼 열 다섯 마리의 다리는 모두 몇 개일까요?"

선생님의 물음에 한 학생이 대답했습니다.

"먼저 1에 4를 곱하면 4이고, 5에 4를 곱하면 20이므로 토끼 다리의 수는 모두 60개입니다. 바로 이렇게요."

$$
\begin{array}{rl}
15 & \\
\times\ \ 4 & \\
\hline
4 & \leftarrow(1\times4) \\
20 & \leftarrow(5\times4) \\
\hline
60 &
\end{array}
$$

그 대답을 듣고 이번에는 아리가 지오에게 속삭였지요.

"지오야, 저 학생들이 배우는 곱셈은 우리랑 곱하는 순서가 다르네."

여러분이 만약 타임머신을 타고 지금으로부터 약 3000년 전의 과거로 갔다면 언어와 문학, 역사는 말할 필요도 없고 과학 분야에서도 어려움을 겪었을 테지요. 그러나 수학은 시대에 따라 기호와 표현 방법은 다르겠지만, 근본적으로 같은 내용이므로 이해하는 데 문제가 없습니다.

이처럼 우리가 학교에서 배우는 대부분의 수학은 3000년 전

고대 인류가 배우던 수학과 비교하여 기호와 표기법, 그리고 사용하는 언어만 다를 뿐 내용은 별로 달라지지 않았습니다. 수학은 아주 먼 옛날부터 그 내용이 차곡차곡 쌓여 점점 더 영역을 넓히며 인간의 사고력을 높이는 동시에 문명 발전의 밑거름이 되어 왔지요.

국어의 경우, 소설에 대하여 잘 모르면 시를 공부해 좋은 성적을 거둘 수 있고, 고전문학을 잘 모르면 현대문학을 공부해 좋은 성적을 거둘 수 있습니다. 영어도 마찬가지로 명사를 잘 몰라도 동명사를 이해할 수 있고, 진행형을 잘 몰라도 과거분사를 이해할 수 있습니다. 그러나 수학은 그렇지 않습니다.

수학은 차곡차곡 '누적'된다는 특징이 있습니다. 이를테면, 덧셈을 할 줄 모르면 뺄셈, 곱셈, 나눗셈을 할 줄 모르게 되어 사칙연산을 못하게 됩니다. 사칙연산을 못하면 정수, 유리수, 무리수, 실수, 복소수 등에 대한 연산을 이해할 수 없고, 문자와 식도 이해할 수 없지요.

문자와 식을 이해할 수 없다면 수학에서 가장 많이 등장하는 방정식과 함수를 이해할 수 없습니다. 그 결과 미적분을 이해할 수 없고 각종 공학의 내용을 아무것도 이해할 수 없습니다. 문과의 경영학이나 경제학도 수학적인 요소가 매우 많으므로 공부하기 어려워집니다. 덧셈을 못하면 수학을 못한달까요.

그래서 고등학교 때부터 수학을 공부하기로 마음먹은 사람은 반드시 중학교와 초등학교 과정의 수학적 내용을 충분히 이해하는지 확인하고 난 뒤에 고등학교 수학을 공부해야 합니다. 그렇지 않으면 바늘구멍만한 작은 구멍이 큰 댐을 무너트리듯 수학 전체를 무너뜨리게 되어 마침내는 소위 말하는 '수포자'가 되기 십상이지요.

만일 자신을 수포자라고 생각한다면 수학 교과서를 펴고 어디를 모르는지 먼저 살펴보세요. 모르는 것이 무엇인지 알아야 그 원인이 초등학교 수학에 있는지, 중학교 수학에 있는지, 고등학교 수학에 있는지 알 수 있습니다.

예를 들어 유리함수 $f(x)=\dfrac{ax+b}{cx+d}$를 잘 모른다면 일차방정식 $ax+b=0$ 과 일차함수 $f(x)=ax+b$에 대하여 잘 알고 있는지 살펴보세요. 또 분수 $\dfrac{a}{b}$의 의미에 대하여 모두 이해하고 있는지도 확인해 보고요. 만일 분수 $\dfrac{a}{b}$의 의미를 이해하지 못하고 있다면 초등학교에서 배운 나눗셈과 분수를 다시 공부해야 합니다.

일차방정식과 일차함수를 잘 모른다면 애석하지만 중학교 수학으로 돌아가야 하지요. 그래서 수학은 '옛것을 알아야 새것을 잘 알 수 있다'라는 '온고이지신(溫故而知新)'의 분야라고 할 수 있습니다.

지금 모른다고 인정하고 다시 공부한다고 해서 절대 창피한 일이 아닙니다. 진짜 창피한 일은 모르면서도 안다고 여기는 마음입니다. 수학은 이런 마음이 있으면 절대 잘할 수 없는 과목이지요. 무엇보다 수학은 반드시 처음부터 차곡차곡 쌓아야 하는 과목임을 명심하기 바랍니다. 이렇게 수학적 사고의 기초를 쌓는 작업을 잘하면 수학자처럼 생각하는 법도 훨씬 수월할 것입니다.

04

80억 개의 생각을 1로 만드는 능력

축소

수학적으로 생각한다는 것이 무엇인지 대략 알아보았음에도 수학자처럼 생각한다거나 수학적 사고를 하기는 쉽지 않습니다. 수학의 정체를 파악하려면 수학에서 축소와 확장이 어떤 의미인지 살펴보면 도움이 됩니다.

수학에는 '축소와 확장'이라는 상반된 두 가지 특징이 있습니다. 수학은 모든 것을 간단히 축소하거나, 눈곱만한 것을 지구보다 큰 크기로 확장하기를 좋아합니다.

먼저, 수학의 축소에 대하여 알아볼까요?

어느 날, 갑자기 100만 원이 생겨서 제주도로 여행을 갈 수 있게 되었다고 합시다. 여행을 하려면 제주도까지 가기 위한 교통수단, 묵을 숙소, 그리고 음식이라는 세 가지 필수 요소가 필요하겠지요.

이 세 요소를 합하여 100만 원에 꼭 맞게 여행하려고 할 때, 저마다 어디에 여행의 중점을 둘지는 다릅니다. 어떤 사람은 지금까지 한 번도 못 타 본 비행기 일등석에 비용을 많이 쓰고, 숙소와 음식은 대충 해결합니다. 그래서 교통수단 80만 원, 숙소와 음식 각각 10만 원씩 사용할 계획을 세울 테지요.

숙소를 중요시하는 다른 사람은 호텔의 비싼 방으로 예약하고, 교통편과 음식은 싸게 해결하려고 교통편 10만 원, 숙소 70만 원, 음식에 20만 원씩 사용할 계획을 세웁니다.

제주도의 특산물을 모두 먹고 싶은 또 다른 사람은 교통편 20만 원, 숙소 20만 원, 음식 60만 원씩 사용할 계획을 세우겠지요. 이처럼 어디에 중점을 두느냐에 따라 여행 경비의 배분은 다양합니다. 여행객이 열 명이라면 조금씩 다른 계획이 열 가지가 될 수 있고, 100명이면 거의 100가지 여행법이 나올 수 있습니다. 만약 여행객이 100만 명 또는 1,000만 명이라면 어떨까요? 그 많은 경우를 모두 각각 구해야 할까요?

물론 수학을 사용하면 그럴 필요 없지요! 수학을 이용하면 놀랍게도 수백만 명이 주장하는 서로 다른 생각과 의견을 단순하게 나타낼 수 있습니다.

여행 이야기를 예를 다시 들자면, 교통편을 x, 숙소를 y, 음식을 z라고 할 때, 모든 경우를 간단히 방정식 $x+y+z=100$으로 나타낼 수 있습니다. 순서쌍 (x, y, z)가 바로 주어진 방정식의 풀이입니다. 이와 같은 표현은 100만 명이든 1,000만 명이든 지구에 사는 80억 명이든 관계없이 주어진 방정식의 미지수에 자신이 원하는 수를 배정하여 (x, y, z)를 구하면 됩니다. 그리고 가능한 모든 경우를 눈으로 확인하고 싶다면 다음과 같이 $x+y+z=100$의 그래프를 그리면 되지요. 그래프는 색칠된 비스듬한 평면이고, 평면 위의 어떤 점을 잡아도 주어진 여행의 조건을 만족합니다.

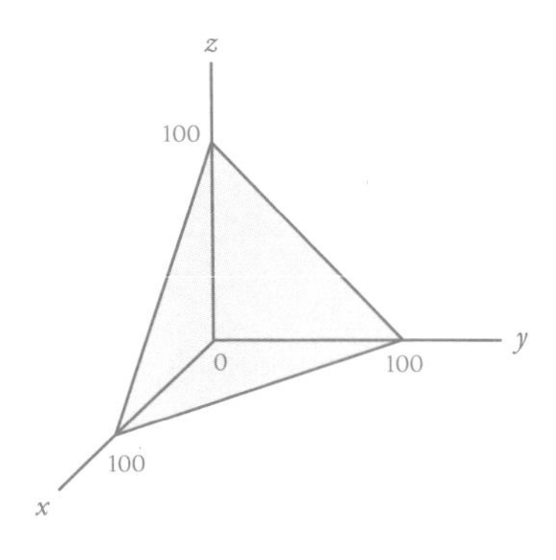

이처럼 복잡하고 다양한 상황이나 문제를 단순하게 나타내고 문제의 해결 방법을 찾는 것이 수학적 사고입니다. 사실 우리는 주변에서 일어나는 다양한 문제를 수학으로 해결하고 있지만, 단지 그것이 수학적 사고라는 사실을 인식하지 못할 뿐입니다.

그래서 수학은 '수십억 개의 서로 다른 생각과 표현을 누구나 인정할 수 있는 단 하나의 간단한 표현으로 나타내는 방법'이라고 할 수 있습니다. 수학은 '생각을 단순화하는 일'이며, '다양한 생각을 한 가지로 통일하는 방법'이기도 합니다.

오늘날 지구에는 약 80억 명이 살고 있으며, 사람들은 각자 여러 생각을 하며 살고 있습니다. 그런데 서로 다른 80억 개의 생각 중에서 공통되는 점을 찾을 수 있을까요?

사람들은 문학, 예술 또는 사회 현상을 설명하기 위해 비슷한 견해를 가진 사람끼리 생각을 공유하며, 자신과 견해가 다른 사람에게 자신의 생각을 납득할 수 있도록 설명하고 토론합니다. 그리하여 이런 분야에서는 공리주의, 초현실주의, 인상파, 엘레아학파처럼 학문, 예술, 사상의 부류가 생겨납니다. 심지어 우주의 생성 원리라든지 각종 바이러스 연구와 같은 첨단 과학에서조차 똑같은 것을 연구한 결과가 서로 다르게 나타나기도 합니다.

하지만 수학에 서로 다른 생각이나 결과를 주장하는 무슨 주의나 학파는 없습니다. 굳이 따지자면 수학자이자 종교가였던 피타고라스와 그의 제자를 일컫는 '피타고라스 학파'와 20세기 초에 수학 교과서의 기틀을 세우려는 의도로 시작된 '부르바키 학파'가 있겠지요. 그러나 이들 학파도 수학적으로 전혀 다른 내용을 주장하지는 않습니다. 공통된 생각과 결과를 어떤 방식으로 다른 사람에게 전달할지에 대한, 즉 수학 자체가 아닌 수학 외적인 분야인 학파이지요.

오늘날 지구상에 사는 약 80억 명이 모두 인정하는 것, 80억 개의 생각을 1로 만드는 것, 생각을 단순화하면서도 모든 사람들이 인정하는 것이 바로 수학이자, 수학적 사고로 정리되는 축소입니다.

05

점, 선, 면을 넘어 n차원으로

확장

수학의 정체를 조금 더 파 볼까요? 수학에서 '점'은 기하의 시작이라 할 수 있습니다. 점은 0차원으로 길이도, 넓이도, 두께도 없고 단지 위치로만 존재할 뿐입니다. 그래서 점은 움직일 수 없지요.

점에 잉크를 채워서 한 방향으로 일정하게 끌었을 때 자취가 생긴다고 가정해 봅시다. 자취는 1차원 도형인 선분, 또는 직선이 되겠지요? 점이 크기가 없기 때문에 점을 끌어서 만든 선도 폭과 두께가 없습니다. 선이 1차원인 이유는 선 위의 점이 움직이는 방법은 동서로 한 가지이기 때문입니다. 여기서 우리는 직선 위의 점의 위치를 $P(a)$로 나타낼 수 있습니다.

이번에는 선분에 잉크를 채워서 수직 방향으로 일정하게 끌어서 생긴 선분 자취를 생각해 봅시다. 선분이 끌렸으므로 2차원 평면이 나타납니다. 마찬가지로 선분은 폭도 두께도 없으므로 평면은 두께가 없지만 차지하는 영역 때문에 넓이는 있습니다. 평면이 2차원인 이유는 평면 위의 점이 동서 방향뿐만 아니라 남북 방향으로 움직일 수 있기 때문입니다.

이때 평면 위의 점을 $P(a, b)$로 나타낼 수 있습니다. a는 동서로 움직이는 양을, b는 남북으로 움직이는 양을 나타냅니다. 다시 2차원 평면에 잉크를 채우고 수직 방향으로 일정하게 끌어올리면 3차원 입체가 나타납니다. 3차원 입체는 부피가 있으며, 동서남북뿐만 아니라 위아래로 움직일 수 있기 때문에 3차원이고, 점은 $P(a, b, c)$로 나타낼 수 있습니다. 이때 a는 동서로 움직이는 양을, b는 남북으로 움직이는 양을, c는 위아래로 움직이는 양을 나타내지요.

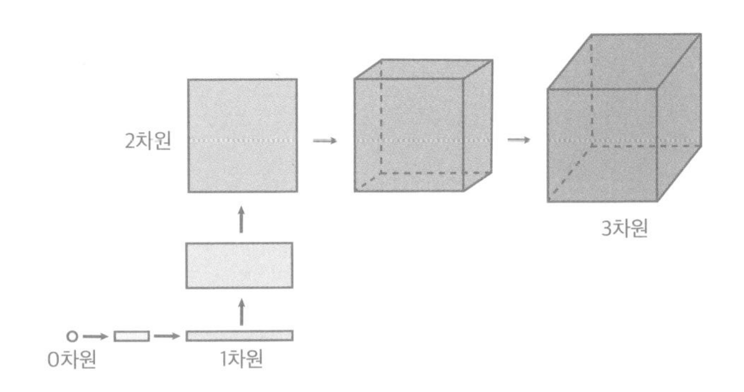

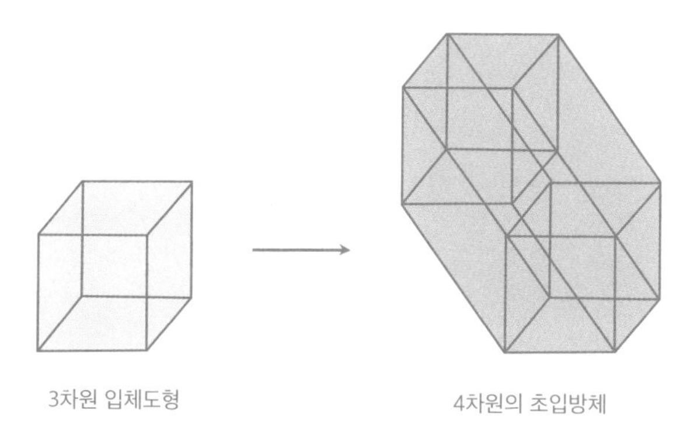

계속 3차원 정육면체에 잉크를 채워 일정한 방향으로 끌어 올리면 4차원 입체도형이 된다고 상상할 수 있습니다. 그렇게 해서 얻은 4차원 입체도형을 '초입방체'라고 하며, 4차원에 있는 점은 $P(a, b, c, d)$로 나타낼 수 있습니다.

물론 더 이상 그릴 수는 없지만, 이런 방법을 계속하면 n차원의 도형을 얻을 수 있고, n차원 공간 위의 점은 $P(a_1, a_2, \cdots a_n)$과 같이 나타낼 수 있습니다. 이는 수학만이 할 수 있는 매우 자연스러운 공간의 확장입니다.

차원을 좀 더 쉽게 이해하기 위하여 먼저 수직선 하나로 이루어진 공간을 생각해 볼까요? 수직선 위에 있는 점이 움직인다고 생각할 때, 이 점은 수직선을 따라 오른쪽이나 왼쪽으로만 움직일 수 있습니다. 그런데 점 P가 오른쪽으로 움직이는 경우와 왼쪽으로 움직이는 경우 모두는 결국 한 개의 주어진

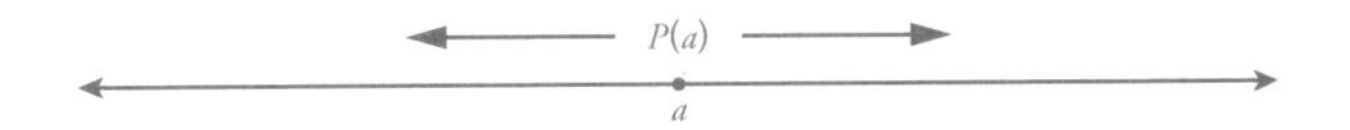

수직선 위에서만 움직이는 것입니다. 따라서 주어진 수직선 위에 있는 점들은 한 점 $P(a)$를 움직여 항상 만나게 할 수 있지요. 즉, 수직선에서는 독립적으로 움직일 수 있는 성분이 단 하나이기 때문에 수직선의 차원은 1차원입니다. 또 원점 0을 기준으로 양수와 음수 $2(=2^1)$가지로 나눌 수 있습니다.

이제, 평면 위에 있는 점을 생각해 봅시다. 수직선 위의 점은 원점으로부터 오른쪽 또는 왼쪽으로 얼마만큼 떨어져 있는지에 따라 그 점의 위치를 알 수 있지만, 평면 위의 점은 수직선에서와는 다르게 오른쪽, 왼쪽, 위쪽, 아래쪽의 네 방향으로 자유롭게 움직일 수 있습니다. 그래서 위치를 정하는 다른 방법이 필요한데, 이것을 '데카르트 좌표계' 또는 간단히 '직교좌표계'라고 합니다.

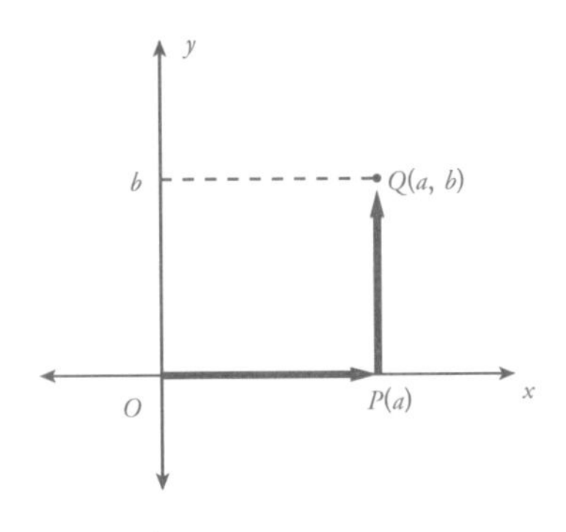

직교좌표계는 말 그대로 두 개의 수직선을 서로 직교시키고, 가로로 놓인 수직선을 x축, 세로로 놓인 수직선을 y축으로 해 평면 위의 점 Q의 위치를 (x좌표, y좌표)로 표시합니다. 이렇게 하면 평면 위의 점은 원점 O에서 x축을 따라 얼마만큼 떨어져 있고, y축을 따라 얼마만큼 떨어져 있는지 위치를 쉽게 알 수 있지요. 그런데 평면의 x축과 y축 위를 움직이는 점들은 서로 다른 축에 영향을 주지 않으므로 평면에서는 두 개의 성분이 서로 독립적으로 움직입니다. 즉, 평면의 차원은 2차원이고 모두 $4(=2^2)$부분으로 나누어지며, 네 개의 부분을 각각 제1사분면, 제2사분면, 제3사분면, 제4사분면이라고 하지요. 이때 x축과 y축은 어떤 사분면에도 속하지 않는 것으로 정합니다.

더 확장해서 수직선 세 개를 서로 직교하게 놓으면 어떻게 될까요?

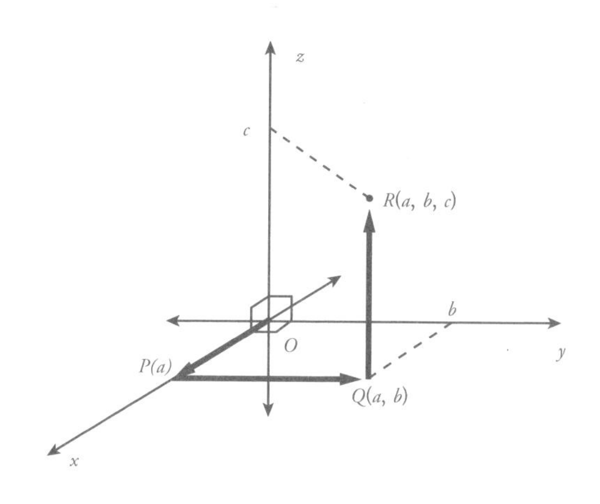

세 개의 수직선이 서로 직교하려면 두 개의 수직선이 직교하도록 하여 만든 평면에 직교하는 수직선을 생각해야 합니다. 이 경우도 평면에서와 마찬가지로 점 R의 위치를 순서쌍 (a, b, c)로 표현할 수 있고, 이들은 각각 독립적으로 움직입니다. 따라서 수직선 세 개가 직교하는 경우는 3차원 공간이 되고, $8(=2^3)$개의 부분으로 나누어집니다.

이들을 각각 제1팔분공간, 제2팔분공간…, 제8팔분공간이라고 합니다. 이때도 x축, y축, z축은 어떤 팔분공간에도 속하지 않는 것으로 정합니다.

그러면 4차원은 수직선 네 개가 서로 직교하는 공간이며 모두 $16(=2^4)$개의 공간으로 나누어지고, 5차원은 수직선 다섯 개가 서로 직교하는 공간이며 모두 $32(=2^5)$개의 공간으로 나누어짐을 쉽게 상상할 수 있습니다. 하지만 이런 공간들은 우리가 평면 위에 그릴 수 없고 단지 머릿속으로 상상만 할 수 있을 뿐이지요.

고차원은 우리가 상상만 할 뿐 실제로 가 보질 않았기 때문에 무슨 일이 벌어질지 모릅니다. 즉, 우리의 생각이 3차원 공간에 있기 때문에 그보다 높은 차원에서 어떤 일이 벌어지는지 확인할 수 없다는 말이지요. 그런데 아무리 고차원이라고 해도 수학의 확실성과 엄밀성, 그리고 자연스러운 확장으로 우리는 고차원의 일부를 알고 느낄 수 있습니다. 이런 일이 가능한 이유는 수학 덕분입니다.

축소와 확장이라는 상반된 성질을 동시에 가진 수학이 중요함은 분명하지만 일상생활에서 어떻게 수학적으로 생각할지 확인할 필요가 있습니다. 실생활의 여러 문제를 수학적 사고를 거쳐 능동적으로 해결할 수 있는 힘을 기르기 위함이지요.

수학을 잘하는 사람들은 대체로 실생활에서 접하는 다양한 문제를 논리적으로 잘 해결합니다. 어떤 사람은 '나는 학교 다닐 때 수학을 잘하지는 못했지만 주변의 문제는 논리적으로 해결할 수 있다'라고 주장한다면, 이미 그의 머릿속에서 자신도 모르는 사이에 수학적 사고가 일어나서 논리적으로 쉽게 해결하는 사람입니다.

이런 사람은 장담하건대 수학을 좀 더 공부했다면 분명 훌륭한 수학자가 되었을 것입니다. 그러나 어떤 경우에는 자신이 문제를 잘 해결한다고 주장함에도 그가 문제를 해결한 결과가 과연 가장 알맞은 방법인지는 알 수 없지요. 즉, 수학적 사고를 하지 않음으로 늘 손해를 보는 방법으로 문제를 해결하며 인생을 꾸려나가고 있을 가능성이 매우 큽니다. 그러니 수학을 이해하고 수학적 사고 방법을 익힌다면 삶은 더할 나위 없이 나아지겠지요.

• 피타고라스의 생각

보이지 않는 세계를 잇는 다리

어떤 사람들은 수학이 필요 없으며 세상에서 없어졌으면 좋겠다고 생각하지만, 이 세상이 모두 수학으로 이루어졌다고 생각한 어떤 사람도 있다. 이름만 들으면 사람들 모두 알지만, 정작 그에 대하여 알고 있는 사실은 단편적인 몇 가지뿐이다. 먼저 전설의 사나이를 만나러 들어가 보자.

지중해의 다우니아라는 지방에 사나운 곰이 농장을 망치고 가축을 해치며 사람들을 위험에 빠뜨리고 있었다. 사람들이 곰을 어떻게 처리할지 걱정하던 중 한 사람이 다가와 자신이 곰을 처리하겠다고 했다. 때마침 곰이 나타나자, 그 사람은 곰을 온화하고 부드럽게 쓰다듬으며 “생명이 있는 동물을 더는 해치지 말고 다시 이곳에 나타나지 말아라”라고 말했다. 그러자 그 곰은 조용히 숲으로 들어갔고, 그 이후 어떠한 야생동물조차도 사냥하지 않았다.

이 사람이 타렌툼이라는 도시를 지날 때는 목장에서 녹색 콩을 먹고 있는 황소를 보았다. 그는 황소가 콩 대신 풀을 먹어야 더 좋다면서 목동에게 그 이야기를 황소에게 전하라고 했다. 목동은 그를 조롱하며 자기는 소의 말을 할 줄 모르니 황소에게 직접 말하라고 했다. 그러자 그는 목동의 비웃음을 뒤로하고 황소에게 다가가 황소의 귀에 대고 오랜 시간을 속삭였다. 그의 말을 들은 황소는 콩을 먹기를 멈추었을 뿐만 아니라, 그 이후로도 절대로 콩을 먹지 않았다.

이 사람이 또 다른 해에 올림피아를 여행하며 친구와 ‘신성함이란 무엇인가?’에 대하여 토론했다. 그는 몸과 마음을 경건하게 한 사람이 신의 뜻에 맞게 행동한다면, 신으로부터 계속 메시지를 받을 수 있다고 주장했다. 그는 특별한 새와 예언과 징조, 그리고 신성한 상징이 모두 신의 사자이며 이들로 인해 신이 인간에게 진리를 전해준다고 했다. 그때 그의 머리 위로 독수리 한 마리가 날아왔다. 독수리는 그의 지시에 따라 방향을 돌리더니 그의 팔에 내려앉았다. 그는 독수리를 잠시 쓰다듬다가 날려 보내고, 자신의 이야기를 계속했다. 이와 같은 기적을 보고 그에게 야생동물을 통제하는 능력이 있다고 여겼으며, 그의 가르침을 받은 제자들도 비슷한 능력을 지니게 되었다. 이것은 노래의 힘으로 야생동물을 유혹해서 잡았다고 전해지는 '오르페우스'와 같은 능력이었다.

이 사람이 제자들과 함께 메타폰툼 근처에서 지중해로 흘러가는 카세스 강을 건널 때의 일이다. 강을 건너는 도중에 그는 배 위에서 강의 신에게 경의를 표했는데, 바로 그때, 나지막하지만 분명하고 깨끗한 목소리로 강이 대답하는 소리를 모두 들었다.

"안녕하세요. 피타고라스님!"

평가도 분분하고, 행적이 온갖 추측과 전설로 남아 있지만 피타고라스는 이탈리아 남부 도시인 크로톤에 '케노비테스'라는 공동체를 만들고 제자를 가르쳤다.

이곳에서 그는 모든 제자가 반드시 배워야 할 과목을 산술, 음악, 기하, 천문학으로 정했다. 그가 이렇게 정한 이유는 산술은 수를 공부하는 것이고, 음악은 시간에 따라 수를 공부하는 것이고, 기하는 공간에서 수를 공부하는 것이고, 천문학은 신의 세계를 포함한 우주에서 수를 공부하는 것이기 때문이라고 했다. 그래서 그는 수학을 배움으로써 인간은 신성해지고, 신에게 좀 더 가깝게 다가갈 수 있다고 생각했다.

피타고라스의 제자는 그들이 배운 지식을 다른 사람에게 함부로 알려주지 않기로 맹세했고, 다음과 같이 가르침을 받았다.

문 : 선생님, 신성한 것은 무엇입니까?

답 : 태양과 달이다.

문 : 델포이의 신탁은 무엇입니까?

답 : 침묵의 조화와 참된 일인 '테트라크티스'이다.

문 : 가장 올바른 일은 무엇입니까?

답 : 희생이다.

문 : 가장 현명한 것은 무엇입니까?

답 : 수이다.

문 : 가장 아름다운 것은 무엇입니까?

답 : 조화이다.

피타고라스에게 있어서 수학은 '보이는 세계와 보이지 않는 세계를 잇는 다리'였다. 그는 자연을 이해하고 다루기 위해서 눈으로 보이는 물리적인 세계로부터 영구불변하게 존재하는 세계로 사람들의 마음을 돌리기 위해서도 수학을 이용했다. 그는 제자들에게 '수학으로 편안하고 깨끗한 마음'을 가질 수 있게 했고, 궁극적으로 훈련을 하여 진정한 행복을 경험할 수 있게 했다.

2장

논리에 대한 생각, 일상을 분석하기

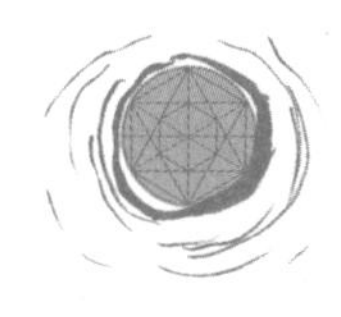

How To Think Like
Mathematicians

06

일상을 문제별로 분류하는 법

기호와 분류

수학을 억지로 공부하는 많은 사람은 수학은 책 속에만 있고 따분하며 어디에도 쓸모없다고 생각합니다. 그런데 수학은 실생활에서 많은 쓸모가 있습니다. 특히 수학적으로 생각하는 사람이라면 세상에 숨은 비밀을 발견할 수 있지요.

우리가 슈퍼마켓에서 물건을 살 때를 생각해 봅시다. 만약 슈퍼마켓에 물건이 정리되어 있지 않고 아무렇게나 놓여 있다면 어떨까요? 원하는 물건을 찾기가 쉽지 않겠지요. 심지어 종일 물건을 뒤져야 할지도 모릅니다. 그런 난감한 일을 피하려고 슈퍼마켓 주인은 같은 종류의 물건끼리 모아서 진열합니다. 물건을 배열하는 다양한 방법 중에서 가장 효과적인 방법을 알아내는 결과가 바로, 수학입니다.

슈퍼마켓 안에는 좀 더 복잡한 수학적 원리도 숨어 있습니다. 우리가 원하는 물건을 선택해서 점원에게 건네주면 점원은 그 물건을 계산대로 통과시킵니다. 그러면 계산대의 화면에 자동으로 물건 값이 나타나지요. 점원이 직접 숫자를 입력해 계산하기도 하는데, 이것이 가능한 이유는 물건마다 바코드가 있기 때문입니다. 바코드는 덧셈, 뺄셈, 곱셈, 나눗셈을 모두 사용해 만든 일종의 암호로 숫자를 일정한 규칙에 따라 배열한 결과입니다.

또 물건 값을 치르기 위해 신용카드를 사용하기도 하는데, 신용카드에는 여러 신용 정보가 저장되어 있습니다. 신용카드 속에 신용 정보로 물건 값을 계산할 수 있게 한다든지, 오류 없이 필요한 정보가 계산대에서 상호작용하도록 하는 모든 일은 수학으로 설계되어 있습니다.

이처럼 우리가 알게 모르게 수학은 실생활 곳곳에 숨어 있습니다. 수학은 단지 교과서, 책 속에만 있지 않고 일상생활과 관련된 모든 곳에서 사용되는 실용적인 학문이지요. 그런데 지나치게 현실적 필요성만 강조하면 순수수학은 발전할 수 없고, 순수수학이 발전하지 못하면 실생활에서의 문제도 쉽게 해결할 수 없을 뿐더러 타 학문과 연관된 응용수학도 발전할 수 없습니다.

이렇듯 수학은 학문의 순수 영역과 실생활, 타 학문이 서로 맞물려 긴밀하게 상호작용합니다.

사람들이 수학이 필요 없다고 생각하는 이유는 수학이 너무 복잡한 기호와 공식으로 이루어졌기 때문일 테지요. 그런 기호와 공식 때문에 자연히 딱딱하고 어렵게 느껴지고, 왜 복잡한 수학을 알아야 하는지 이해하지 못합니다. 하지만 수학에서는 이러한 기호와 공식이 꼭 필요합니다. 기호와 공식을 만드는 과정을 '추상화'라고 하는데, 수학을 추상화한다는 말이 좀 어렵게 느껴질 수 있지만, 예를 들면 이렇습니다.

코끼리와 매미를 생각해 볼까요? 코끼리와 매미는 서로 완전히 다른 존재입니다. 그러나 코끼리 두 마리에 코끼리 한 마리를 더하는 경우와 매미 두 마리에 매미 한 마리를 더하는 경우는 모두 2+1=3으로 간단히 나타낼 수 있습니다. 이렇게 식으로 나타낼 수 있다고 이해했다면 이미 수학을 추상화함을 이해했다는 증거입니다.

반대로 추상화하지 않는다면 둘에 하나를 더하는 식을 코끼리의 경우, 매미의 경우, 수박의 경우, 사과의 경우 등등 모두 따로 생각해야 하겠지요. 그러나 우리는 각각의 경우를 따로따로 생각하지 않고 간단히 덧셈을 이용하여 2+1=3으로 이해할 수 있습니다. 이것이 현실의 문제를 수학적으로 생각하는 행위이고, 결국 수학적으로 생각한다는 사고에는 추상화도 포함되지요.

수학적으로 생각하는 예를 일상생활의 문제로 더 알아봅시다. 요즘 지문을 이용한 열쇠와 같은 종류 및 컴퓨터를 이용한 지문인식 시스템 등 각종 방범 수단이 속속 연구·개발되고 있습니다. 지문은 사람마다 모두 다르며, 변하지도 않기 때문에 지문만으로도 어떤 사람인지를 알아낼 수 있습니다.

지문은 땀구멍이 주변보다 올라와 생긴 융선에 의해 형성된 줄무늬입니다. 태내에서부터 생성된 지문은 그 모양이 일생 변하지 않지요. 수십 년이 흘러도, 심지어 상처를 입어도 변하지 않고 일란성 쌍둥이마저 모양이 다른 지문의 특성 때문에, 범죄 수사에서 가장 기본적으로 이용하는 방법이 '지문 채취'입니다. 지문의 미세한 굴곡이 마찰력을 강화해 물건을 잡을 때 미끄러짐을 방지하고 촉각을 예민하게 하고, 손가락에 가해지는 충격을 일부 흡수합니다. 이처럼 지문의 본래 기능은 손가락의 기능을 보완하는데, 발견과 필요에 의해 지문의 기능이 범죄 수사에까지 확대되었지요.

어떤 사건 현장에서 발견된 범인의 지문으로 그가 누구인지 확인하기 위해 우리나라 사람 전체를 대상으로 조사하려면 매우 많은 시간과 노력이 필요합니다. 지문을 확인하는 사이에 범인은 멀리 도망갈 수도 있으니 좀 더 정확하며 간단하고 빠르게 지문을 확인해야 합니다. 이때 사람들의 지문 모양과 손가락의 순서에 일정한 수를 부여하고, 연산식을 대입해 지문의 분류 값을 정할 수 있습니다.

지문은 모양과 형태에 따라 '반원형 지문'과 '고리형 지문', 그리고 지문선의 모양이 원 또는 타원 모양을 한 '소용돌이형 지문'으로 분류합니다.

반원형 지문은 지문의 선이 한쪽에서 들어와서 다른 쪽으로 나가는 평탄한 반원형 지문 A와 선이 대칭적이고 가운데 부분이 마치 천막을 친 듯한 모양을 띄는 천막 모양의 반원형 지문 T로 나뉩니다.

고리형 지문은 지문선이 곡선으로 왼쪽에서 시작하여 왼쪽으로 나가는 왼쪽 고리형 지문 U와 지문선이 오른쪽에서 시작하여 오른쪽으로 나가는 오른쪽 고리형 지문 R이 있지요.

평탄한 반원형 지문 A

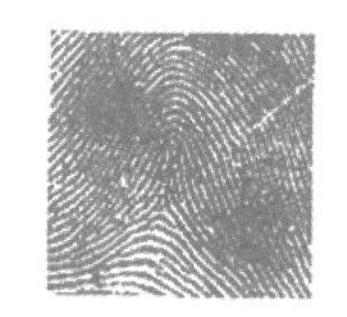
천막 모양의 반원형 지문 T

소용돌이형 지문 W

오른쪽 고리형 지문 R

왼쪽 고리형 지문 U

출처: 《Math Power》, 1996

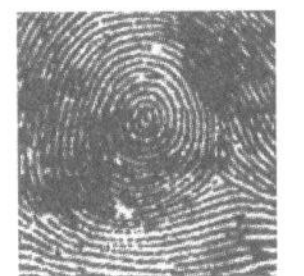  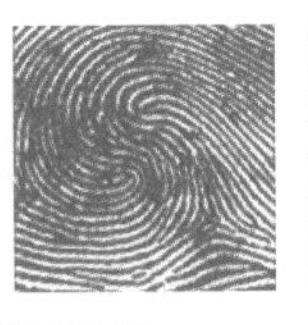 

소용돌이형 지문 W

출처: 《Math Power》, 1996

소용돌이형 지문 W은 네 가지가 있습니다. 먼저 위의 왼쪽 그림과 같이 평평한 소용돌이형 지문이 있고, 중심 주머니 고리형 지문과 이중고리형, 그리고 찌그러진 소용돌이형으로 나뉩니다. 이런 네 종류의 지문은 모두 소용돌이형 지문으로 분류합니다.

지문의 형태는 반원형 지문이 전체의 5퍼센트, 고리형 지문이 전체의 65퍼센트, 소용돌이형 지문이 전체의 30퍼센트 정도라고 합니다. 아울러 지문선은 종결형, 두 갈래형, 세 갈래형, 점형, 담장형, 다리형, 그리고 갈고리형으로 각각 분류하지요.

현재 수사기관에서 범죄 수사에 활용하는 지문 분류체계는 1800년대 인도 벵골 경찰국장이었던 에드워드 헨리가 개발한 분류법에 기초합니다. 그가 지문을 이용해 사람을 식별하도록 고안한 방법은 기본적인 두 가지 방법으로 자료를 정리하게 합니다.

먼저, 지문의 종류에 따라서 다음과 같이 지문을 숫자로 변형해 분류합니다.

소용돌이형 지문 = 1, 반원형 지문 = 0, 고리형 지문 = 0

$$\frac{M=(\text{오른손 검지})\times 16+(\text{오른손 약지})\times 8+(\text{왼손 엄지})\times 4+(\text{왼손 중지})\times 2+(\text{왼손 새끼})\times 1+1}{N=(\text{오른손 엄지})\times 16+(\text{오른손 중지})\times 8+(\text{오른손 새끼})\times 4+(\text{왼손 검지})\times 2+(\text{왼손 약지})\times 1+1}$$

이때, $\frac{M}{N}$을 지문의 첫 번째 분류값이라고 합니다.

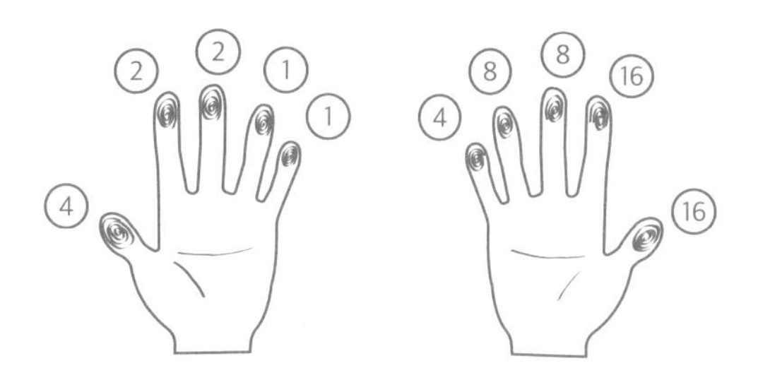

예를 들어, 어떤 범인의 오른손 엄지와 오른손 새끼손가락, 그리고 왼손 엄지의 지문이 소용돌이형이고 나머지 손가락의 지문은 반원형이거나 고리형이라면 다음 식이 나옵니다.

$$\frac{M=(0)\times 16+(0)\times 8+(1)\times 4+(0)\times 2+(0)\times 1+1=5}{N=(1)\times 16+(0)\times 8+(1)\times 4+(0)\times 2+(0)\times 1+1=21}$$

따라서 이 범인의 첫 번째 지문 분류값은 $\frac{5}{21}$이지요. 헨리의 방법에 따르면 이러한 초기 분류 값은 1,024종류라고 합니다. 이를테면 우리나라 사람 5,000만 명을 $2^{10}=1,024$종류로 분류할 수 있다는 뜻이지요.

두 번째 단계는 $\frac{(\text{오른손 검지})}{(\text{왼손 검지})}$으로 기호를 적는 분류 방법입니다. 예를 들어 범인의 오른손 검지가 천막 모양의 반원형 지문 T이고, 왼손 검지가 평탄한 반원형 지문 A이라면, 첫 번째 분류와 두 번째 분류로부터 범인의 지문 분류 값은 $\frac{5T}{21A}$이겠지요. 이를 이용하면 5,000만 명의 지문을 조사하지 않아도 범행 현장에서 발견한 지문의 분류에 해당하는 사람들만 조사하면 정확하고 매우 바르게 범인이 누구인지 알 수 있습니다. 지문 분류는 일상의 문제를 일정한 분류체계를 통해 수학으로 만드는 예시의 한 예일 뿐입니다.

도서관에서 책을 분류하는 원리도 마찬가지입니다. 도서관에 있는 각 책장에는 앞자리가 비슷한 책이 한데 모여 있는데, 맨 앞자리 숫자는 지구상의 모든 자료를 0에서 9까지 10개의 '주류'로 나눈 숫자입니다. 이것을 '십진분류법'이라고 하는데, 앞에서 주류를 10개로 나누었듯 세부 분류도 다시 10개의 숫자로 분류하는 방식을 뜻하지요. 이를테면 도서 분류는 다음과 같습니다.

기호	한국십진분류법
000	총류
100	철학
200	종교
300	사회학
400	자연과학
500	기술과학
600	예술
700	언어
800	문학
900	역사

예술	
600	예술
610	건축술
620	조각
630	공예, 장식미술
640	서예
650	회화, 도화
660	사진술
670	음악
680	연극
690	오락, 운동

우편번호도 다음과 같은 방법으로 분류합니다.

이처럼 수학적 사고는 복잡하고 어려운 문제의 부피를 줄이는 과정이라고 할 수 있습니다. 그래서 수학이 발달할수록 설명은 점점 사라지고 기호가 많이 생기게 되지요.

오늘날 해마다 새로 발견되는 수학 이론은 약 30만 개 이상에 이른다고 합니다. 수학 이론은 인류 발전에 중요한 역할을 하기에 계속 후세에 남기고 발전시켜야 합니다. 그러기 위해서는 수학자들이 수학 내용을 명확하고 간단하게 표현해야 하지요. 여러분도 마찬가지로 수학적으로 부피를 줄이는 생각이 필요합니다. 왜냐고요? 부피를 줄이지 않은 문제와 부피를 줄인 문제를 한번 비교해 볼까요?

12세기경 인도의 수학자 바스카라(Bhaskara)가 아름다운 시구로 엮어서 쓴 수학책《릴라바티》에 나오는 시를 살펴보겠습니다.

아리따운 아가씨!

내게 당신의 향기와도 같은 지혜를 보여 주오.

꽃밭에는 벌떼가 나는데

벌 무리의 5분의 1은 목련꽃으로

3분의 1은 나팔꽃으로

그들의 차의 3배의 벌들은 협죽도꽃으로 날아갔네.

남겨진 1마리의 벌은 판타누스의 향기와

재스민 향기에 갈팡질팡하다가

두 사람의 연인에게 말을 시킬 것 같은

남자의 고독처럼 허공을 헤매고 있도다.

꽃밭에 벌이 몇 마리인지 내게 말해 주오.

이 문제를 오늘날의 수학적 기호를 사용해 풀어 볼까요? '벌의 수'를 'x'라 하면 시는 $x - \frac{x}{5} - \frac{x}{3} - 3\left(\frac{x}{3} - \frac{x}{5}\right) = 1$로 표현할 수 있습니다. 이 식의 양변에 3과 5의 최소공배수인 15를 곱해 간단하게 정리하면 아래의 일차방정식으로 나타낼 수 있지요.

$$15x - 8x - 6x = 15$$

이 방정식을 풀면 $x = 15$이므로 벌은 모두 15마리가 됩니다. 확실히 부피를 줄이니 복잡한 문제가 간단히 해결되지요? 오늘날 우리가 해결하려는 대부분의 문제는 이처럼 부피를 줄이는 일에 지나지 않습니다. 복잡한 문제의 해답을 얻기 위해서는 이렇게 단순화된 식으로 계산하려는 생각이 필요합니다. 수학을 제대로 이해하면 복잡하고 지루한 다항식도 간결하고 아름다운 형태로 바꿀 수 있습니다.

07

방탄소년단도 이용한 메타버스

비트맵과 웨이브

오늘날 우리는 '메타버스' 시대를 살고 있습니다. 메타버스는 사람의 모습을 한 형상인 '아바타'를 통해 실제 현실과 같은 사회, 경제, 교육, 문화, 과학 기술 등의 활동을 할 수 있는 3차원 공간 플랫폼입니다. 현실과 가상이 결합된 세계인 메타버스에서는 아바타끼리 상호작용하며 활동하지요. 실제로 2020년 미국 대통령 선거에서 조 바이든(Joe Biden)은 닌텐도 '동물의 숲' 가상현실 게임 안에서 선거 캠페인을 했습니다. 여기서 유권자들은 가상현실 안경을 낀 채 유세에 참여했지요.

우리나라에서는 가수 방탄소년단(BTS)이 온라인 게임 '포트나이트'에서 신곡 〈다이너마이트〉를 실제 콘서트 현장처럼 발표했고, 코로나19로 인해 일부 대학교에서 입학식을 메타버스 환경에서 진행하기도 했습니다.

미국의 비영리 연구 기관인 가속연구재단(ASF) 그룹이 2007년에 발간한 《메타버스 로드맵》에서 메타버스의 네 가지 구성 요소로 증강현실(Augmented Reality), 라이프 로깅(Life Logging), 거울 세계(Mirror Worlds), 가상현실(Virtual Worlds)을 제시했습니다.

증강현실은 3차원의 가상 사물을 현실과 겹쳐서 구현하는 기술입니다. 대표적으로 유행한 '포켓몬 고'가 있지요. 라이프 로깅은 사물과 사람의 경험, 정보를 캡쳐하거나 저장, 묘사할 수 있는 기술입니다. 일상생활에서 블로그, 인스타그램, 틱톡 등에 사진이나 짧은 영상을 남기는 것이 라이프 로깅에 해당합니다. 가상현실은 현실과 유사한 가상 세계 또는 현실과 완전히 다른 대안을 제시하는 세계를 말하며 온전히 디지털 데이터로 구성되었습니다. 대표적으로 로블록스와 제페토가 있지요.

증강현실은 3차원의 가상 사물을 현실과 겹쳐서 보이는 기술로, 디지털 기기를 거쳐 구현된다.

메타버스는 게임, SNS뿐만 아니라 교육, 의료 등 모든 산업에 활용할 수 있습니다. 이를 위해서는 다양한 메타버스 플랫폼 개발, 메타버스를 지원하는 디스플레이처럼 몰입 기기 활용, 상호작용 처리 기술 및 경험을 분석하고 공유하는 기술, 대규모의 데이터를 전달하기 위한 고성능 유무선 네트워크 기술 등이 필요합니다. 사이버 도박, 사기, 가상 화폐 현금화에 따른 불법 거래 등 메타버스에서 이뤄지는 불법 행위와 법 질서 위반을 통제하기도 해야 합니다.

이처럼 메타버스와 관련된 기술과 사업은 앞으로 개선해야 할 점이 많지만 다양한 분야에 활용할 수 있기에 미래를 선도할 기술로 평가받고 있습니다. 이러한 메타버스를 수학적 관점에서 살펴보겠습니다.

메타버스는 아바타를 이용하기 때문에 그림과 소리를 컴퓨터가 알아서 처리하는 기술이 매우 중요합니다. 또 메타버스에서 그림과 소리가 정교하고 부드러우면 아바타가 좀 더 사실적으로 움직이고 말하므로 현실감이 높아집니다. 그렇다면 메타버스에서 그림이나 소리는 어떻게 처리되는지 원리를 알아보겠습니다.

스마트폰이나 디지털 사진기의 광고에서처럼 '1,600만 화소'라는 말을 한 번쯤 들어봤을 것입니다. 화소는 화면을 구성하는 하나의 작은 점으로 '픽셀'이라고도 합니다.

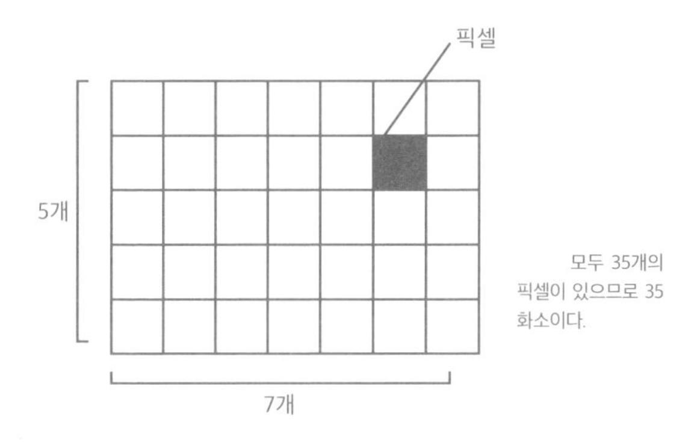

그림의 섬세한 정도를 나타내는 해상도는 보통 가로와 세로의 길이가 1인치 정사각형 안에 들어가는 픽셀의 개수로 표현합니다. 그림을 디지털로 표현하는 방법은 크게 화소를 이용하는 경우와 벡터를 이용하는 경우로 나눌 수 있습니다. 이때 화소를 사용해 그림을 표현하는 방식이 '비트맵' 방식입니다.

비트맵 방식은 '화소'라는 점을 다양한 색으로 채워 그림을 완성합니다. 그림을 구성하기 위해 사용되는 화소 수가 몇 개인지, 각 화소에 어떤 색을 넣을지 등에 따라 다채롭고 선명한 그림을 만들어 낼 수 있습니다.

비트맵 방식으로 표현된 그림을 확대하면 가장자리 부분이 계단 모양처럼 매끄럽지 않게 보입니다. 즉, 그림에서 수직선과 수평선은 계단처럼 보이지 않지만 사선은 계단처럼 보이지요.

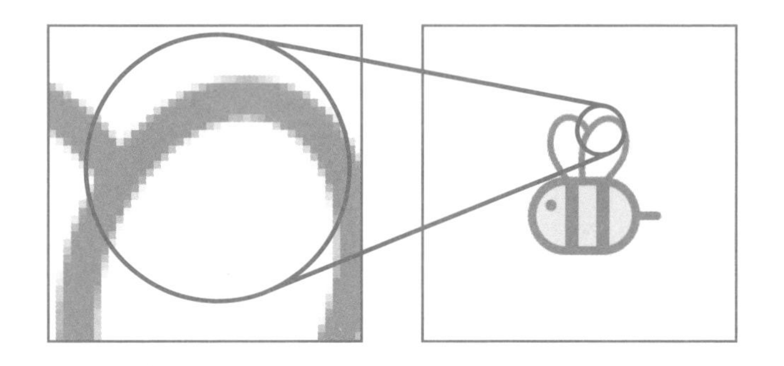

그림을 비트맵 방식으로 표현할 때, 색이 채워진 픽셀은 디지털로 1, 채워지지 않은 픽셀은 디지털로 0을 채웁니다. 이렇게 그림을 비트맵 방식으로 나타내면 그림을 디지털로 변환할 수 있습니다.

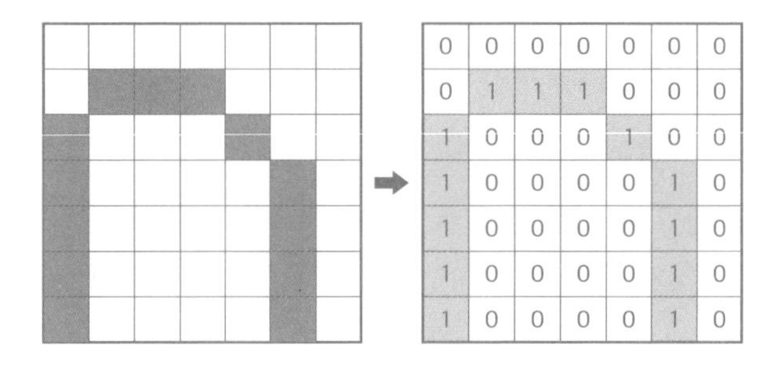

비트맵 방식과 다르게 선이나 도형으로 그림을 표현하는 방식을 '벡터' 방식이라고 합니다. 벡터 방식은 선이나 도형을 그리는 여러 명령어로 하나의 그림을 표현하지요.

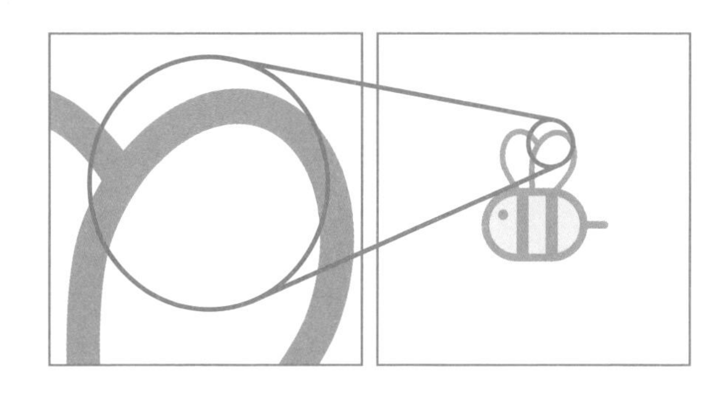

벡터 방식으로 그림을 표현할 때, 도형의 크기 값을 조절하기 때문에 그림을 확대해도 변함없이 보입니다. 그런데 그림이 크거나 복잡하면 선이나 도형이 많이 필요하고, 그에 따라 많은 명령어를 사용해야 합니다. 따라서 벡터 방식은 실생활에서 발생하는 복잡한 상황이나 정교한 그림을 표현하는 데에는 적합하지 않습니다.

앞에서 메타버스는 아바타를 이용하므로 소리가 중요하다고 했던 것 기억하시나요? 이제, 소리를 디지털로 표현하는 방식을 알아보겠습니다. 소리를 디지털로 표현하는 방식에는 '웨이브' 방식과 '미디' 방식이 있습니다.

웨이브 방식은 소리의 파형을 디지털로 표현하는 방식입니다. 소리는 공기의 진동으로 전달되므로 소리가 나면 진동이 발생하고, 그 진동의 모양을 디지털로 변환하지요. 웨이브 방식은 가수나 악기 연주자가 음악을 녹음해 CD로 제작할 때 사용됩니다. 소리를 웨이브 방식으로 디지털화하는 과정은 다음과 같습니다.

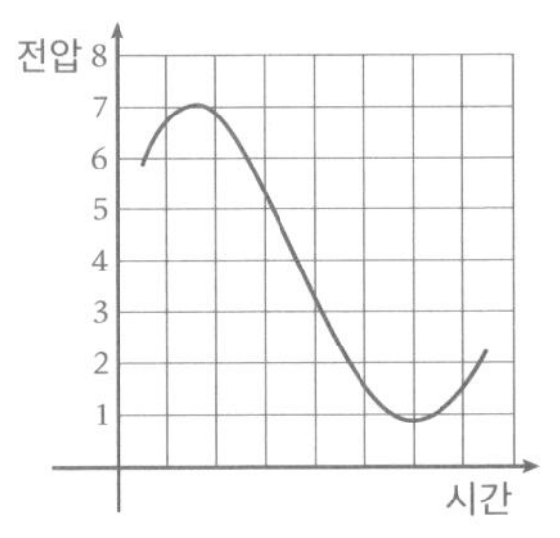

① 아날로그 소리의 파형을 입력받는다.

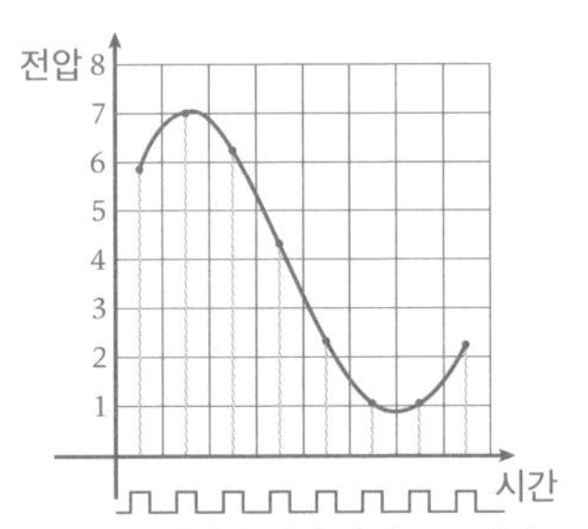

② 표본화: 일정한 시간 간격으로 아날로그 신호의 값을 취한다.

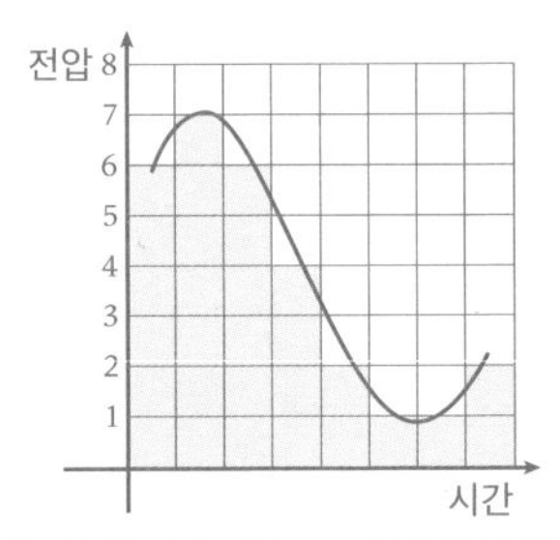

③ 양자화: 각 아날로그 신호의 값을 정수로 변환한다.

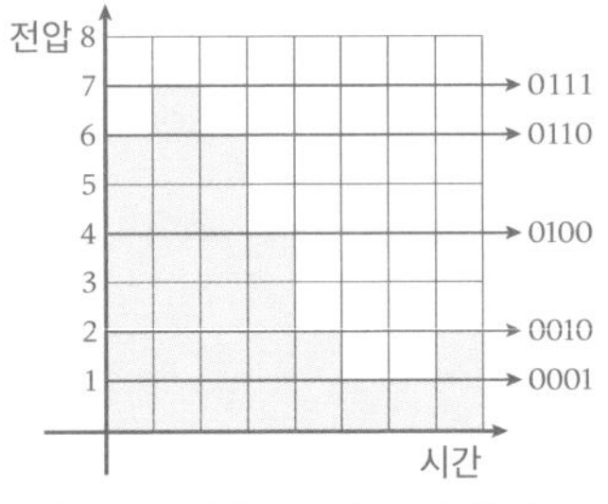

④ 부호화: 각 정수를 이진수로 변환한다.

위의 그림에 나타난 소리는 6, 7, 6, 4, 2, 1, 1, 2가 되고, $6=0110_{(2)}$, $7=0111_{(2)}$, $4=0100_{(2)}$, $2=0010_{(2)}$, $1=0001_{(2)}$이므로 소리를 디지털로 변형하면 이러합니다.

0110, 0111, 0110, 0100, 0010, 0001, 0001, 0010

즉, 컴퓨터는 입력된 소리를 비트열로 알아들을 수 있지요. 그래서 웨이브 방식은 소리의 파형을 자르는 간격이 좁을수록 본래 소리에 가깝고, 간격이 넓을수록 본래 소리와 다른 소리를 내게 됩니다.

미디 방식은 음의 높낮이, 강약, 길이, 시간, 박자 등을 미리 코드화한 다음, 코드를 조합하여 소리를 표현하는 방식입니다. 그래서 미디 방식은 디지털 악기나 컴퓨터의 실행 프로그램 등으로 코드가 실행됩니다.

실제 연주 소리를 웨이브 방식으로 표현하면 미디 방식보다 소리는 부드럽지만, 소리를 디지털로 바꿔 저장하기 때문에 코드의 조합으로 소리를 만드는 미디 방식에 비해 파일의 크기가 큽니다.

음에 대한 수학적 분류를 오래 전 고대에 이미 했던 사람이 있습니다. 바로, 피타고라스입니다. 그는 사람들이 쉽게 음악을 연주하고 들을 수 있도록 음악적 체계를 세웠는데, 바로 '피타고라스의 음계'라고 알려진 '도, 레, 미, 파, 솔, 라, 시, 도' 8음계입니다.

피타고라스는 음악의 가치를 귀하게 생각했습니다. 수학과 마찬가지로 사람들에게 자연의 구조를 볼 수 있게 하고, 몸과 마음을 정화시켜 우리의 육체와 영혼을 완벽하게 유지할 수 있다고 생각했지요. 피타고라스는 이성적으로 판단할 수 있도록 음악을 어떻게 체계화할 것이며, 정확한 소리를 내는 악기를 어떻게 만들지를 궁리했습니다.

이 문제를 고민하며 걷던 어느 날, 피타고라스는 우연히 대장간 옆을 지나며 대장장이가 달궈진 쇠를 망치로 치는 소리를 듣게 됩니다. 그는 뛰어난 청취력으로 망치가 내는 소리가 완전 4도와 완전 5도임을 알았지요. 음정의 차이나는 이유는 망치의 무게 때문임도 알았습니다.

피타고라스는 탁자 위에 좁은 판자를 세우고 같은 길이의 줄 6개를 탁자 끝에 고정시키고 그 줄의 다른 끝에는 대장간에서 알아낸 망치의 무게와 같은 4파운드, 6파운드, 8파운드, 9파운드, 12파운드, 16파운드의 추를 각각 매달았습니다.

먼저, 1 : 2의 비율인 6파운드의 추를 매단 줄과 12파운드의 추를 매단 줄을 튕겼을 때, 가벼운 추인 6파운드짜리가 '낮은 도'라면 12파운드짜리는 '높은 도'로 8음 차이가 남을 발견했습니다. 그는 6과 12의 산술평균이 $\frac{6+12}{2}=9$임을 이용하여 6파운드와 9파운드 추를 매단 줄을 튕기면 '도'와 '솔'로 완전 5도라는 것을 알았습니다. 그런데 6과 9는 2 : 3의 비율이므로 8파운드 추와 12파운드 추를 매달아 튕겼을 때 '파'와 '높은 도'가 되고, 마찬가지로 완전 5도였지요.

피타고라스는 6과 12의 조화평균이 $\frac{2\times6\times12}{6+12}=8$이므로 8파

운드 추를 이용하여 같은 실험을 했습니다. 그랬더니 6파운드와 8파운드 추를 매단 줄을 튕겼을 때 완전 4도가 됨을 알아냈습니다. 마찬가지로 9파운드와 12파운드 추를 매단 경우도 완전 4도가 되었는데 이들은 모두 3:4의 비율이었습니다.

피타고라스는 대부분 듣기 좋은 음정의 비율이 모두 숫자 1, 2, 3, 4에서 나온다는 사실을 알았습니다. 실제로 듣기 좋은 음정을 만들었던 비율을 다시 정리하면 다음과 같습니다.

6:8=3:4, 6:9=2:3, 6:12=1:2, 8:12=2:3, 9:12=3:4

피타고라스는 일정한 비율로 추를 매달아 줄을 튕기면 조화로운 소리가 난다는 것에 착안하여 악기를 만들었습니다. 그 악기는 현을 죄는 주감이를 더하여 추를 매달았을 때와 같은 효과로 현을 팽팽하게 할 수 있었지요. 피타고라스는 이 악기의 이름을 '현을 펴지게 하는 악기'라는 의미로 '코드도토논'이라고 불렀으며 '신성한 일현금'이라고도 했습니다. 수학의 언어가 음악으로 바뀌는 엄청난 사건이었지요.

08

천재 수학자 허준이의 생각

연결과 구조

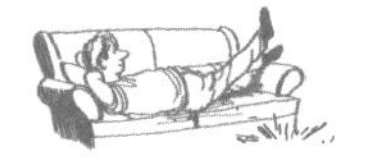

1997년 오스카 상을 수상한 영화 〈굿 윌 헌팅〉은 천재이지만 자신의 능력을 발휘할 기회를 얻지 못한 학생과 그 학생의 천재성을 발휘시키려는 수학 교수의 이야기를 다루고 있습니다. 이 영화에 등장하는 수학 교수는 필즈상 수상자이지요. 그의 친구로 나오는 심리학 교수는 수업 중에 학생들에게 이렇게 말합니다.

"필즈상, 그거 대단한 상이야."

수학계의 노벨상, 필즈상이 얼마나 대단한지 알아볼까요? 세계적으로 가장 훌륭한 상을 꼽자면 대부분 노벨상이라고 합니다. 그런데 노벨상에는 수학 분야가 없지요. 그래서 생긴 상이 필즈상입니다. 수학자로서 최고의 영예는 노벨상보다 더 가치가 큰 필즈상을 받는 것이지요.

필즈상 수상자에게 수여되는 메달의 공식적인 이름은 '수학에서 뛰어난 발견에 대한 국제 메달'입니다. 이 상은 캐나다의 수학자 존 필즈(John C. Fields)의 노력으로 만들어졌습니다. 그는 1924년 캐나다의 토론토에서 국제수학자총회를 주관하며 이 상의 후원자를 모았습니다. 국제수학자총회는 두 차례의 세계대전과 1980년대 후반까지 지속되었던 냉전으로 잠시 중단된 경우를 빼고 지금까지 4년마다 개최되고 있습니다.

이 대회가 처음 열린 곳은 스위스의 취리히였고, 두 번째는 1900년 프랑스의 파리였지요. 2010년에는 인도의 하이데라바드, 2014년에는 우리나라의 서울에서 개최되었고, 2018년에는 브라질의 리우데자네이루에서, 2022년에는 러시아에서 개최될 예정이었으나 러시아가 우크라이나를 침공하며 개최지가 핀란드 헬싱키로 변경되었습니다.

이 대회가 유명한 이유는 두 가지입니다. 첫째는 1900년 회의에서 발표된 '힐베르트의 23개 문제' 때문이고, 둘째는 바로 이 대회에서 '필즈상을 수여'하기 때문입니다. 필즈상 수상자는 아르키메데스(Archimedes)가 새겨진 메달을 받습니다.

필즈상 메달에는 고대 수학자 아르키메데스의 얼굴이 새겨져 있다.

이 메달은 캐나다 의사이자 조각가인 타이트 맥켄지(R. Tait McKenzie)가 1933년에 디자인했습니다. 메달을 자세히 보면 아르키메데스를 둘러싸고 '스스로를 극복하고 세계를 움켜줘라'는 글이 쓰여 있습니다. 아르키메데스 뒤통수 부분에 메달을 디자인한 해인 '1933년'이 로마 숫자로 새겨져 있지요. 처음에 1933에 해당하는 로마 숫자 MCMXXXⅢ을 새기려 했는데, 900을 뜻하는 CM이 CN으로 잘못 새겨서 MCNXXXⅢ이 되었다고 합니다. 메달의 뒷면에는 '세계에서 모인 수학자들이 당신의 뛰어난 업적에 이 상을 드린다'라는 글과 함께 '아르키메데스의 무덤'을 뜻하며 그의 묘비에 새겼다는 원기둥, 구, 원뿔이 그려져 있습니다. 세 입체도형의 부피의 비가 원뿔 : 구 : 원기둥 = 1 : 2 : 3인데 이것은 평소 아르키메데스가 매우 자랑스러운

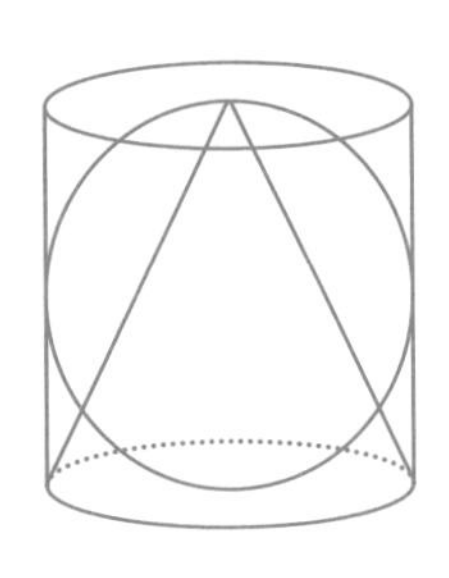

발견으로 여겼습니다. 한편, 메달의 얇은 측면에는 수상자의 이름이 새겨집니다.

이 상을 처음 만든 필즈는 그의 비망록에 다음과 같이 적었습니다.

이미 완성된 업적을 표창하지만 이 상을 받은 사람은 그 분야에서 더 뛰어난 성취를 위해 용기를 북돋우며, 다른 새로운 분야를 자극함을 알게 될 것이다.

이 메달은 40세 이전에 뛰어난 업적을 이룩했거나 가까운 장래에 완성할 예정인 사람에게 수여됩니다. 필즈상이 노벨상보다 더 희소가치가 있는 이유는, 4년에 한 번만 수상하고, 수상자는 40세 미만의 '젊은' 수학자로 한정하기 때문이지요. 필즈상이 수상자의 나이를 40세 미만으로 제한하는 데는 나름대로 까닭이 있습니다.

수학자의 '젊음'을 다른 과학 분야 이상으로 중요시하는 이유는 아마도 수학적으로 천부적인 재능이 싹트는 시절이 15세 전후라고 널리 알려졌기 때문이겠지요. 예로부터 갈루아나 아벨과 같은 요절한 천재들이 있었고, 1954년에 상을 수상한 27세의 세일, 1989년에 수상한 소련의 게르판트 등이 있었습니다. 특히 게르판트는 '젊음'에 관하여 다음과 같이 말합니다.

"수학자로서 재능의 대부분은 13세에서 17세까지의 시기에 나타난다. 이 시기에 형성된 수학의 미적 이미지는 오늘날에 이르기까지 나의 수학적인 기초가 되었다."

2014년 우리나라에서 열린 국제수학자총회는 수학자들에게 특별한 의미로 기억되고 있습니다. 최초로 여성 수학자 마리암 미르자하니(Maryam Mirzākhāni)가 수상했기 때문이지요. 하지만 미르자하니에게는 큰 불행이 있었습니다.

그녀는 이란에서 태어나 1994년에 국제 수학 올림피아드에서 금메달을 수상했지요. 미르자하니는 1999년 샤리프공과대학교에서 수학 학사 학위를 받고, 미국으로 건너가 2004년 하버드대학교에서 박사 학위를 받았습니다. 그녀는 클레이 연구소와 프린스턴대학교를 거쳐 2008년부터 스탠퍼드대학교 수학과 교수를 지냈습니다. 그러나 안타깝게도 2014년 필즈상 수상자로 선정되었을 때 그녀는 이미 유방암을 선고받은 뒤였지요. 그래서 우리나라에 간신히 방문하여 필즈상을 수상한 이후 곧바로 미국으로 돌아가 암을 치료했지만 2017년 7월 14일 유방암으로 사망했습니다.

2022년까지 필즈상의 수상 지역, 수상자, 업적을 정리하면 다음과 같습니다.

수상 지역 (수상연도)	수상자	업적
노르웨이 (1936)	라르스 발레리안 알포르스	유리형 함수 및 리만 면의 연구
	제시 더글러스	플라토의 문제에 대한 업적
미국 (1950)	로랑 슈바르츠	일반화된 함수(분포 이론)
	아틀레 셀베르그	소수 정리의 초등적 증명
네덜란드 (1954)	고다이라 구니히코	고다이라 매장정리에 대한 업적
	장피에르 세르	스펙트럼 열을 통한 초구의 호모토피군의 계산, 대수적 연접층 이론, 가가정리에 대한 업적
영국 (1958)	클라우스 프리드리히 로스	로스의 정리에 대한 업적
	르네 톰	코보디즘 이론에 대한 업적
미국 (1982)	사이먼 커원 도널드슨	instanton을 사용하여 4차원 유클리드 공간 위의 이국적 구조를 발견
	게르트 팔팅스	모델 가설의 증명. 이 가설은 더 이상 모델 가설이 아닌 '팔팅스의 증명'이 됨
	마이클 하틀리 리드먼	4차원에서의 푸앵카레 추측 증명
일본 (1990)	블라디미르 르쇼노비치 드린펠트	양자 군에 대한 업적
	본 프레더릭 랜들 존스	폰 노이만 대수, 매듭 다항식, 콘포멀 장 이론, 존스 다항식
	모리 시게후미	3차원 대수다양체의 최소 모델, 2014년 국제수학연맹 총재 취임
	에드워드 위튼	양수 에너지 정리의 간단한 증명법 제시
스위스 (1994)	예핌 이사코비치 젤마노프	제한된 번사이드 문제 해결
	피에르 루이 리옹	비선형 편미분 방정식에 대한 업적
	장 부르갱	바나흐 공간의 기하학, 에르고드 이론 등에 대한 업적
	장 크리스토프 요코즈	동역학계에 대한 업적
대한민국 (2014)	아르투르 아빌라	동역학계 고수, 구간변환 역학계에 대한 업적
	만줄 바르가바	루빅스큐브에 영감을 얻어 가우스 연산법칙을 고차 다항식에 적용(바르가바 큐브)
	마르틴 하이러	확률편미분방정식에 대한 업적
	마리암 미르자하니	최초의 여성 수상자이자 이슬람 국가 출신 수상자. 모듈라이 공간을 해석
브라질 (2018)	알레시오 피갈리	최적운송이론과 최적운송이론의 편미분방정식, 거리 기하학, 확률론 응용에 대한 기여
	페터 숄체	퍼펙토이드 공간, P진수 해석기하학에 대한 업적

<table>
<tr><td rowspan="2">브라질
(2018)</td><td>코체르 비르카르</td><td>파노 다양체의 유계성 증명(BAB 추측 해결)</td></tr>
<tr><td>아크샤이 벤카테시</td><td>만 12세에 국제수학올림피아드와 국제물리올림피아드에서 동메달 수상</td></tr>
<tr><td rowspan="4">핀란드
(2022)</td><td>준이 허</td><td>대수기하학적 방법을 이용해 로타 추측 등 여러 난제 증명, 한국계 수학자 최초 수상</td></tr>
<tr><td>마리나 뱌조우스카</td><td>8, 12차원 케플러의 추측 해결에 기여, 역대 2번째 여성 수상자</td></tr>
<tr><td>위고 뒤미닐코팽</td><td>상전이의 확률이론에 관한 3, 4차원 격자모형 난제 해결</td></tr>
<tr><td>제임스 메이나드</td><td>쌍둥이 소수 추측 등 소수 문제 해결에 기여</td></tr>
</table>

2022년 수상자 중에서 '준이 허'는 원래 우리나라 사람 '허준이'입니다. 허준이 교수는 서울대학교에서 수학으로 석사 학위를, 미국 미시간대학교에서 박사 학위를 취득했고, 현재 프린스턴대학교 교수로 있으며, 국적은 미국입니다.

수학자들은 '난제'를 추측의 형태로 제시하는데, 대부분의 수학자는 평생 하나의 난제를 해결하기도 힘이 듭니다. 그러나 허준이 교수는 40세가 되기도 전에 무려 11개의 난제를 증명하고 해결했습니다. 허준이 교수의 연구 분야는 '조합 대수기하학'으로 조합론과 대수기하학이라는 두 분야가 결합한 비교적 새로운 분야입니다.

'조합론'은 간단히 말해 우리가 중·고등학교에서 배우는 경우의 수를 탐구하는 분야이지요. 사실 조합론의 주된 관심사는 크게 '특정한 패턴의 배열이 존재하는가?', '존재한다면 몇 개나 있는가?', '어떤 배열이 최적의 배열인가?', '배열의 구조는 어떤가?'처럼 네 가지입니다. 특히, 각각의 패턴이 서로 어떤 관계가 있는지를 그림으로 표시하는 '그래프 이론'은 컴퓨터 공학과 구글 등 인터넷 검색 기술의 핵심 기반이고요.

'대수기하학'은 쉽게 말해 '도형'을 다루는 수학 분야입니다. 도형의 기하학적 대상을 다항식이나 방정식 등의 대수적 성질을 이용해 다루지요. 이를테면 원을 그림으로 다루는 것이 아니라 좌표평면 위에서 $x^2+y^2=r^2$과 같은 식으로 다룹니다.

허준이 교수가 박사과정 중 해결한 난제 '리드 추측'과 조합대수기하학은 조합론의 고전적인 문제인 '4색 문제'로 살펴볼 수 있습니다. 4색 문제는 평면을 유한개의 부분으로 나누어 각 부분에 색을 칠할 때, 서로 맞닿은 부분을 다른 색으로 칠한다면 네 가지 색으로 충분하다는 정리입니다. 이 문제는 지도에서 서로 맞닿은 지역에 다른 색을 칠한다는 점에서 착안해 만들어졌지요.

4색 문제에 대하여 간단히 예를 들어서 설명하겠습니다. 아래 그림과 같이 네 나라 사이의 경계를 나타낸 지도에서 인접한 나라끼리는 서로 다른 색을 사용하여 채색했습니다.

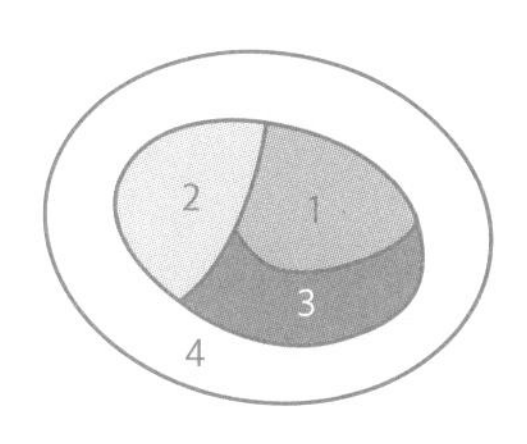

최소한 몇 가지 색이면 이 지도에 있는 나라를 색칠할 수 있을까요? 단, 인접한 나라끼리는 다른 색으로 칠해야 합니다. 이를 해결하기 위해 늘 지도를 그릴 수는 없습니다. 이 지도에서 각 나라를 꼭짓점으로 보고 나라끼리의 인접성을 꼭짓점끼리 인접성으로 보면 다음과 같은 점과 변으로 이루어진 그림으로 나타낼 수 있습니다.

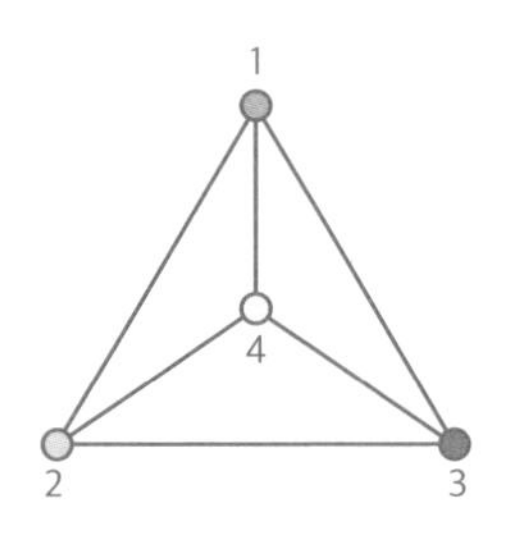

이렇게 꼭짓점과 변으로 이루어진 도형을 그래프라고 합니다. 그러면 지도의 채색 문제는 이 그래프의 꼭짓점을 채색하는 문제로 바뀌지요. 즉, 주어진 그래프의 꼭짓점을 채색한다는 것은 인접한 꼭짓점끼리는 서로 다른 색이 칠해지도록 채색함을 뜻합니다. 그림에서 보듯 그래프는 최소한 네 가지 서로 다른 색이 있어야 인접한 꼭짓점을 서로 다른 색으로 칠할 수 있습니다.

1850년에 수학자 구드리(Francis Guthrie)는 '임의의 평면그래프는 4가지 색으로 채색 가능한가?'라는 4색 문제를 제기했습니다.

일반적으로 그래프 G의 꼭짓점을 x개 이하의 색으로 칠하는 방법의 수를 $P(G, x)$라 하면 $P(G, x)$는 x의 다항식이 되지요. 이 다항식을 '그래프 G의 채색 다항식'이라고 합니다. 예를 들어, 위의 그래프에서 꼭짓점을 x개의 색으로 칠한다고 가정해 보겠습니다. 꼭짓점 1에 색칠하는 방법의 수는 x이고, 꼭짓점 2는 $x-1$, 꼭짓점 3은 $x-2$, 꼭짓점 4는 $x-3$이지요. 즉 꼭짓점끼리 변으로 연결되어 있으면 같은 색으로 칠할 수 없으므로 색칠하는 방법이 한 가지씩 줄어듭니다.

따라서 채색 다항식은 $P(G, x)=x(x-1)(x-2)(x-3)$ 입니다. 여기서 세 가지 색으로 칠한다면 $x=3$이므로 $P(G, 3)=0$이고, 즉 세 가지 색으로 칠하는 방법의 수는 0가지입니다. $x=4$라면 $P(G, 4)=4\times3\times2\times1=24$이 됩니다. 즉, 네 가지 색으로 꼭짓점을 서로 다른 색으로 칠하는 방법의 수는 모두 스물네 가지입니다. 특히 4보다 작은 자연수에 대하여 이 다항식의 값은 모두 0이므로 최소로 필요한 색은 네 가지라고 할 수 있습니다.

한편, 그래프의 모양이 단순하다고 해서 채색 다항식이 간단한 것은 아닙니다. 예를 들어 다음 그림과 같은 그래프를 생각해 봅시다. 이 그래프의 채색 다항식과 채색 수를 알기 위해 두 가지로 나누어 생각하면 다음과 같습니다.

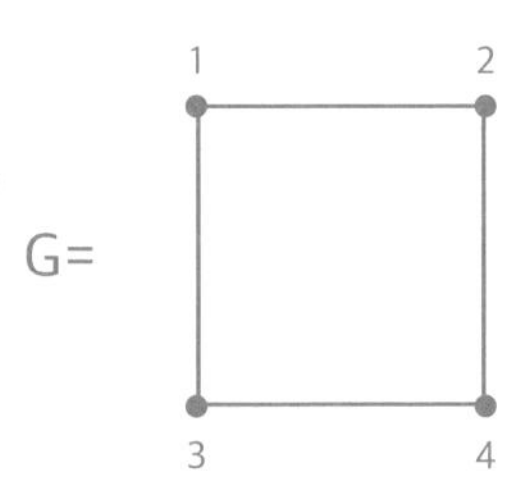

꼭짓점 2, 3을 같은 색으로 칠할 경우, 꼭짓점 1에 칠하는 방법의 수는 x, 그다음으로 꼭짓점 2, 3에 색칠하는 방법의 수는 $x-1$, 그다음으로 꼭짓점 4에 색칠하는 방법의 수는 $x-1$입니다.

그리고 꼭짓점 2, 3을 서로 다른 색으로 칠할 경우, 꼭짓점 1에 칠하는 방법의 수는 x, 그다음으로 꼭짓점 2, 3에 색칠하는 방법의 수는 $(x-1)(x-2)$, 그다음으로 꼭짓점 4에 색칠하는 방법의 수는 $x-2$입니다. 위의 두 경우로부터 채색 다항식은 $P(G, x)=x(x-1)^3+x(x-1)(x-2)^2$입니다.

또 $P(G, x)\neq 0$이 되는 최소의 x값은 2이므로 위의 그래프는 두 가지 서로 다른 색으로 칠할 수 있고, 그때의 방법의 수는 $P(G, 2)=2(2-1)^3+2(2-1)(2-2)^2=2$이므로 두 가지입니다.

허준이 교수는 채색 다항식의 성질, 채색 다항식 계수들의 증감 추세에 주목했습니다. 이를테면 앞의 채색 다항식을 전개하면 $P(G, x)=x(x-1)^3+x(x-1)(x-2)^2=2x^4-8x^3+5x^2+3x$이므로 이 채색 다항식의 계수는 차례로 2, -8, 5, 3입니다.

허준이 교수는 이 계수들의 로그값 경향을 추론하여 리드 추측과 로타 추측 등 여러 난제를 해결했습니다. 특히 허준이 교수의 연구는 연결성과 독립성을 수학적으로 구조화한 그래프의 성질에 관한 것인데, 따로 떨어진 점의 연결을 구조화하고 수학적으로 표현한다는 점에서 여러 기술에 응용될 것으로 기대됩니다.

허준이 교수의 '연결'과 '구조'에 대한 연구는 현대의 많은 기술이 통신과 네트워크, 복잡계 등과 연결되어 있기에 현대 사회에서 갖는 의미가 큽니다. 특히 오늘날 컴퓨터 연산, 인공지능, 빅데이터 등에 활용되는 알고리즘은 모두 조합론의 대표적인 응용 분야이므로 허준이 교수의 연구 결과에 영향을 많이 받을 것으로 예측됩니다. 이를테면 인터넷 이용자 하나를 꼭짓점으로 보고 이들이 연결되는 형태를 그래프로 나타내면 인터넷의 연결성을 그래프로 해석할 수 있습니다.

허준이 교수의 연구 업적은 정보통신뿐 아니라, 반도체 설계, 교통, 물류, 통계물리 등 여러 분야에 밀접한 관련이 있어 파급효과가 크리라 기대됩니다. 검색 프로그램의 효율성을 높이는 데에 활용될 수도 있고, 빅데이터와 고속연산의 효율성을 높이거나 수많은 경우와 수많은 돌발 변수를 가정해야 하는 '초복잡계'의 교통과 물류 관련 프로그램 개발, 기상 예보의 정확성 향상 등등 가능성은 무궁무진하니까요.

특히 리드 추측 해결 등의 성과를 활용함으로써 인공지능의 기계 학습 효율성을 크게 높일 수 있습니다. 인공지능에 필요한 데이터들의 변수는 점으로 나타나는데, 기존에는 인공지능의 신경망을 설계하는 단계에서 각 점을 사람이 직접 선을 그리며 연결해야 했습니다. 그러나 허준이 교수의 수학적 이론을 적용하면 점을 연결하거나 연결을 끊는 작업을 수식으로 표현하고 수학적 원리에 따라 수행됨으로써, 훨씬 효율적인 인공지능 학습이 가능해집니다. 그래서 허준이 교수의 업적을 바탕으로 현재 인공지능이 겪는 한계를 넘어 비약적인 발전의 시발점이 될 것으로 기대합니다. 실제로 한 전문가는 허준이 교수의 업적이 앞으로 100년 동안 IT와 인공지능 분야 발전에 지대한 영향을 미친다고 평가하기도 했지요.

09

가우스처럼 논리적으로 생각하는 법

생각의 끈

많은 사람이 수학은 어려운 과목이라고 생각합니다. 수학은 논리적인 생각만으로 쉽게 해결될 수 있는데, 수학이 어렵다고 생각하는 사람 대부분은 바로 이 '논리적인 생각'을 싫어하기 때문이지요. 무작정 어렵다고만 하면 이 세상에 해결되는 일이 없을 것입니다. 논리적으로 생각하는 법을 간단하고도 수학적 아이디어가 풍부한 예로 알아보겠습니다.

정육면체인 두부 한 모를 똑같은 크기와 모양의 작은 정육면체 스물일곱 개로 자르려고 할 때, "가장 적은 횟수의 칼질은 몇 번일까?"라고 묻는다면 어떻게 답하면 좋을까요?

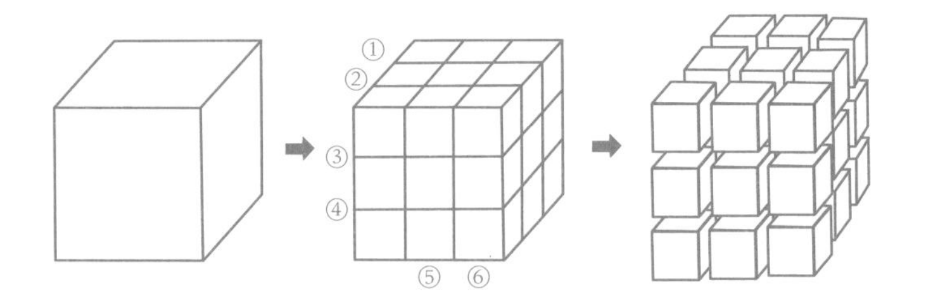

잠깐만 생각해 보면 이 문제의 답이 여섯 번임을 쉽게 알 수 있습니다.

그런데 만약 "왜 여섯 번이 가장 적은 횟수의 칼질인가?"라고 질문했다면 이 문제는 단순히 재미있는 퍼즐이 아닌 수학 문제가 되겠지요.

같은 모양, 같은 크기를 유지하면서 자를 때 두부 가운데에 나타나는 작은 정육면체 모양의 작은 두부는 여섯 개의 면을 가지고 있습니다. 그런데 그 각각의 면은 자르기 전에 주어진 정육면체의 바깥 면의 일부분이었던 부분이 전혀 없습니다. 즉, 가운데 작은 정육면체의 각 면은 반드시 칼을 사용해야만 만들 수 있습니다. 따라서 작은 정육면체의 여섯 개의 면을 만들 수 있는 칼질 횟수는 정확히 여섯 번입니다.

논리적으로 생각하는 법에 대한 재미있는 이야기를 살펴보겠습니다.

어느 마을에 가난한 농부가 어여쁜 딸과 함께 살고 있었다. 그런데 가뭄이 계속되어 농부는 농사를 망치게 되었다. 생활이 곤란한 농부는 마을의 부자에게 돈을 빌렸고, 그럭저럭 그 해를 넘겼다. 그러나 다음 해에도 가뭄 때문에 다시 농사를 망쳤고, 농부는 돈을 빌리려고 부자에게 갔다. 그러나 그 부자는 작년에 꿔간 돈도 아직 갚지 않았다며 돈을 빌려주지 않았다. 가난한 농부가 계속 부탁하자 부자는 자신과 내기를 해서 이기면 빚을 모두 청산해 주고, 반대로 지면 농부의 어여쁜 딸을 자기의 종으로 삼겠다는 제안을 했다. 농부는 어쩔 수 없이 부자와 내기를 했다. 부자가 제안한 내기는 이러했다.

"여기 흰 돌과 검은 돌이 한 개씩 있다. 이것을 주머니 속에 넣은 후, 너희 딸에게 한 개만을 집으라고 하겠다. 딸이 흰 돌을 집으면 작년에 빌려준 돈을 갚지 않아도 되고 올해도 또 돈을 빌려주겠다. 그러나 딸이 검은 돌을 집으면 빚진 돈을 당장 갚아야 한다. 게다가 너의 아름다운 딸을 나에게 종으로 보내야 한다."

그런데 이 부자는 마음씨가 좋은 사람이 아니었기 때문에 농부 몰래 주머니에는 검은 돌 두 개를 넣었다. 하지만 농부의 딸이 이겼다. 어떻게 이겼을까? 농부의 영리한 딸은 이렇게 말했다.

"전 주머니 속에 손을 넣는 것이 무서워요. 겉에서 하나를 선택할게요."

딸은 주머니 겉에서 돌을 하나 선택하고 주머니를 잡고 뒤집었다. 그러자 주머니에서 검은 돌이 굴러 떨어졌다. 그때 딸이 "검은 돌이 땅에 떨어졌으니 제가 선택한 것은 반드시 흰 돌이네요"라고 말했다.

부자는 농부의 영리한 딸이 내놓은 현명한 답에 어쩔 수 없이 빌려 준 돈을 받지 못했다.

수학은 이처럼 간단하며 명쾌합니다. 그러나 우리는 어려서부터 이해와 논리적인 생각보다는 암기 위주의 주입식 교육을 받아 왔기 때문에 무슨 문제든지 그동안 외워 온 수학공식을 사용하여 문제를 해결하려고 합니다. 많은 사람들이 수학을 어렵다고 하는 이유는 바로 이런 방법 때문입니다. 수학을 잘하려면 암기력보다는 논리적으로 생각할 수 있는 이해력을 키워야 하지요.

논리력을 키우려면 수학에서는 하나를 알아가는 과정으로 나머지를 연결해 알아가는 '생각의 끈'이 필요합니다. 바로 이런 연결된 끈을 찾을 수 있는 지혜를 가질 수 있도록 하는 것이 수학을 공부하는 여러 이유 중 하나입니다.

수학을 공부해야 하는 또 다른 이유는 '세상을 합리적으로 보는 능력'을 기르기 위함입니다. 우리가 당연하다고 생각하는 세상의 모든 일에는 변하지 않는 어떤 규칙이 숨어 있습니다. 규칙을 이치나 논리에 합당하게 설명할 수 있는 힘을 기르기 위해 우리는 수학을 공부합니다. 물론 수학을 제외한 자연과학이나 인문·사회과학도 그런 규칙을 찾아내어 합리적으로 설명할 수 있지만 수학만큼 정확하게 표현할 수는 없습니다. 왜냐하면 여타 분야는 어느 정도 주관적인 생각이 포함되지만, 수학은 누구나가 인정할 수밖에 없는 완벽하게 객관적인 사실만 인정하기 때문입니다.

세상에 숨어 있는 규칙을 제대로 이해하지 못했다면 인류에게 발전은 없었을지도 모릅니다. 오랜 옛날부터 문명이 발전된 곳에서는 자연이나 실생활을 수학적으로 바라보고자 하는 생각이 싹텄습니다. 수학적으로 생각하면서 세상의 이치를 깨우쳐 갔지요. 수학적으로 생각한다는 말은 어떤 문제의 해답을 찾아가는 논리적인 과정을 뜻합니다. 예를 들어 더 알아볼까요?

'수학의 황제'라는 별명을 가지고 있으며, 인류 전체를 통틀어 아르키메데스, 뉴턴과 함께 위대한 수학자 세 사람 중 한 사람으로 꼽히는 독일의 수학자 가우스(Johann Carl Friedrich Gauss)가 초등학생이던 열 살 때의 일입니다.

가우스의 선생님은 자신이 잠깐 편하게 쉬기 위해서 학생들에게 어려운 수학 문제를 냈습니다. 1부터 100까지를 더하라는 덧셈 문제였지요. 다른 학생은 1에 2를 더하면 3이고, 거기에 다시 3을 더하면 6이고, 또 4를 더하면 10… 이런 식으로 한참 동안 계산했지만 가우스는 달랐습니다. 가우스는 일찌감치 5,050을 적어놓고 팔짱을 끼고 앉아 있었지요. 그 답을 본 순간 선생님은 가우스의 천재성을 알아챘지요. 가우스는 어떻게 빨리 답을 알았을까요?

가우스는 선생님이 낸 문제에 일정한 규칙이 숨어 있다는 사실을 알았습니다. 즉 다른 학생들처럼 1부터 차례로 더하지 않고, 1과 맨 마지막 수인 100을 더하면 101, 다시 2와 99를 더해도 101, 3과 98을 더해도 101이라는 사실을 알았지요. 이와 같이 더하면 모두 50개의 101이 되므로 가우스는 1부터 100까지의 합은 $50\times101=5{,}050$이라고 아주 간단히 정답을 냈습니다. 바로 임의의 등차수열의 합을 구하는 공식을 유도할 때 사용하는 '등차수열의 대칭성'을 활용하여 문제를 해결했던 것이지요.

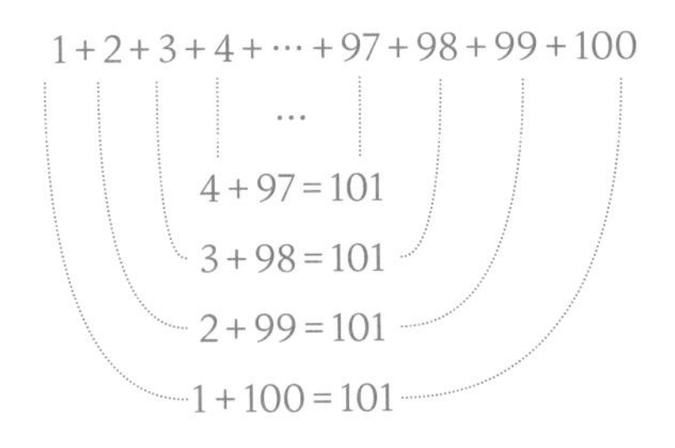

가우스는 수학적으로 논리적, 합리적으로 생각했던 것이지요. 특히 수학에서는 하나하나를 알아가는 과정을 거쳐 나머지를 연결하여 알게 되는 생각의 끈이 필요하다고 했습니다. 수학을 배우는 이유는 바로 이러한 연결된 끈을 찾는 지혜를 갖추기 위함입니다.

누구나 세상의 일을 수학적으로 생각하면서 생각의 끈을 찾을 수 있습니다. 실생활 속에서 필요에 따라 생겨난 수학은 우리의 복잡한 생각을 하나로 묶는 끈으로 작용하고 있습니다. 우리의 삶을 하나의 짜임새 있는 틀로 자리 잡을 수 있게 하는 역할을 하고 있지요.

그러니 단순히 수학을 습득하는 공부가 아니라 사물의 현상을 수학적으로 관찰하고 해석함으로써 실생활의 여러 문제를 합리적이고 논리 정연하게 해결하는 능력을 길러야 하지요.

• 피타고라스의 생각

깨우치는 사람에게 필요한 것

뛰어난 학자였던 피타고라스를 따를 사람들은 많았고, 특별히 가르침을 받으려는 모임을 '케노비테스'라 했다. 피타고라스는 사람들은 각자 지닌 재능이 다르기 때문에 모두에게 똑같은 학습 방법을 적용할 수 없다고 생각했다. 그래서 피타고라스는 재능과 실력에 따라서 사람들을 여러 부류로 나누고 거기에 맞는 방법으로 가르침을 달리했다.

피타고라스를 신봉하는 이들을 '피타고라스 추종자' 또는 '피타고라스 주의자'라고 불렀다. 현재 피타고라스 추종자들을 '피타고라스 학파'라고 부르지만, 당시에는 이런 분류가 큰 의미가 없었다. 단지 피타고라스의 철학과 가르침을 얼마만큼 받고, 그

가르침을 어떻게 수행하느냐가 중점이었다.

피타고라스는 추종자가 되길 원하는 제자의 행동과 생각을 유심히 관찰했고, 그들의 현명함을 시험한 이후에야 제자로 받아들였다. 제자가 되길 원하는 사람은 빈부격차나 남녀노소, 지위고하를 막론하고 피타고라스의 시험을 통과해야 했다.

피타고라스는 가장 먼저 그들의 부모, 그리고 친척에 관하여 물으며 그들의 웃음과 말씨 등을 살폈다. 그리고 피타고라스는 그들이 무엇에 욕망을 느끼고, 친구 관계는 어떠하며, 어떻게 여가를 보내는지, 그들이 무엇에 기쁨과 슬픔을 느끼는지에 대해 물었다. 게다가 그들의 걸음걸이와 몸 전체의 움직임을 면밀하게 관찰했다. 아울러 그들의 생김새와 천부적인 체형까지 살폈는데, 그 이유는 사람의 영혼의 고귀함이나 저급함은 육체적 조건과 행동으로 나타난다고 생각했기 때문이다.

이러한 과정은 3년 동안 이어졌으며 부적절한 면이 보이는 후보자는 케노비테스를 떠나야 했으며, 이 과정을 통과한 사람만이 다음 단계로 넘어갔다.

첫 단계를 통과한 사람은 5년 동안의 침묵을 지켜야 했는데, 피타고라스는 혀를 마음대로 다스리는 일이 세상에서 가장 어렵다고 생각했기 때문이다. 정말 단 한마디 말도 하지 않고 5년을 보내야만 비로소 피타고라스의 제자가 될 수 있었다.

피타고라스의 제자가 가장 먼저 지켜야 할 사항은 피타고라스의 가르침에 대해 비밀을 유지하고 케노비테스에서 알게 된 모든 지식을 발설하지 않아야 하는 것이었다. 피타고라스가 이처럼 제자를 엄격하게 수련시킨 이유는 '영혼이 본디 갖고 있는 이성능력을 가리고 있는 탐욕과 과도함의 덤불을 제거하기' 위함이었다. 그는 제자들에게 이렇게 말했다.

"과도함은 부적절한 욕망과 그것에 도취된 통제할 수 없는 감정을 불러온다. 이것은 사람들을 암흑의 심연으로 빠트린다. 탐욕은 질투, 도둑질, 착취를 불러오므로 영혼을 질식시키는 이런 방해물을 체계적인 수양과 교육으로 제거해야 한다. 이 과정은 마치 무쇠를 불에 달궈 망치로 내리치고 벼려서 좋은 칼을 만드는 것과 같다. 우리의 이성능력이 이런 악으로부터 자유로워졌을 때, 마침내 영혼에 선하고 유용한 것을 심을 수 있다."

피타고라스는 제자의 개인적인 장점과 능력에 따라서 몇 가지 분야로 나누었다. 능력이 서로 다른 제자를 모든 일에 있어서 동등하게 다루기란 옳지 않다고 생각했고, 자신의 가르침을 능력이 각기 다른 모두에게 똑같이 나누는 일도 공평하지 않다고 생각했다. 그래서 그는 제자를 '특별제자'와 그냥 '청강자'로 구분했다. 다시 특별제자와 청강자는 그들의 재능에 따라 세 가지 전문 분야로 나눴다.

윤리학과 상업 그리고 법률을 전문적으로 공부하는 제자를 '정치가(Politician)', 기하학과 천문학을 연구하는 제자를 '수학자(Mathematician)' 그리고 명상과 종교의식에 헌신하는 제자를 '성직자(Revernd)'라고 했다.

크로톤 사람들은 케노비테스에서 살고 있는 피타고라스의 제자를 '배움'을 뜻하는 '마테마(Mathema)'와 '깨달음'을 뜻하는 '마테인(Mathein)'이 결합된 '마테마테코이(Mathematekoi)' 즉, '모든 것을 연구하여 깨우치는 사람들'이라고 불렀다. 마테마테코이가 바로 '수학(Mathematics)'이라는 용어의 기원이다. 결국 수학자는 모든 것을 연구하고 깨우치는 사람이란 뜻이다.

피타고라스가 강의를 하는 강당에는 청강자가 그의 모습을 보지 못하도록 장막을 쳤다. 즉, 청강자들은 3년의 관찰과 5년의 침묵이라는 혹독한 견습기간을 마친 이후에 피타고라스가 인정한 특별제자가 되었고, 특별제자들만 장막 안에서 피타고라스와 직접 대면하며 강의를 들을 수 있었다. 그들은 과학과 신학의 모든 법칙과 논증 그리고 그 증거들을 배우면서 피타고라스와 함께 가장 심오한 지혜를 나눌 수 있었다.

3장

창의에 대한 생각, 상상하고 질문하기

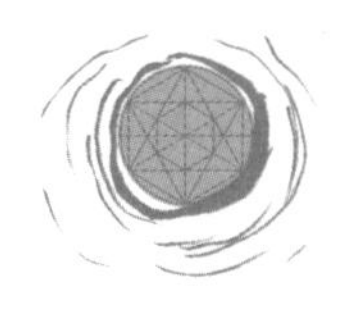

How To Think Like
Mathematicians

10

자동차 번호판을 보고 하는 상상

배수

제가 몸담고 있는 학교는 집에서 1시간 30분가량 운전해야 도착할 수 있는 먼 거리에 있습니다. 1시간 30분을 운전하는 동안 그날의 할 일, 계획 등을 생각하기도 하지만, 앞차의 번호판은 제게 운전하는 동안 흥미로운 놀잇거리이지요.

번호판을 보면서 어떤 놀이를 할 수 있다는 사실이 놀라운가요? 사실 자동차 번호판에 있는 숫자를 수학적 유희로 삼은 첫 번째 사람은 가난한 사무원이었던 인도의 천재 수학자 스리니바사 라마누잔(Srinivasa Ramanujan)입니다.

라마누잔은 어려서부터 수치 계산과 암기에서 놀라운 능력을 보였습니다. 1904년 독학으로 대학교에 장학생으로 입학

했지만, 수학만 공부하고 다른 과목은 소홀히 했기 때문에 더 이상의 장학금을 받을 수 없었습니다. 1905년 대학교를 중퇴하고 쓴 여러 편의 논문에서 수 사이의 심오한 관계를 찾아내는 놀라운 능력을 발휘했지요. 1913년 영국의 수학자 해럴드 하디(Harold Hardy)에게 자신을 소개하는 편지를 보냈고, 라마누잔의 능력을 간파한 하디는 1914년에 라마누잔을 케임브리지 대학교의 연구원으로 초대했습니다. 그 결과 두 사람 사이에 괄목할만한 공동 연구가 이루어졌지요. 그런데 라마누잔은 1917년 병에 걸렸고, 1919년에 인도로 돌아간 다음 해에 37년의 짧은 생을 마감했습니다.

라마누잔의 수에 대한 능력을 보여주는 가장 유명한 일화는 그가 병에 걸려 병원에 입원했을 때입니다. 하디는 택시를 타고 라마누잔을 병문안했습니다. 병실에서 이런저런 이야기를 하다가 하디는 자신이 타고 온 택시의 번호판이 특별할 것 없는 평범한 수 1,729였다고 말했습니다. 그러나 라마누잔은 주저하지 않고 1,729는 매우 흥미로운 수라며, 1,729는 두 개의 세제곱수의 합으로 나타낼 수 있는 수 중에서 가장 작은 자연수라고 대답했지요. 그는 종이에 1,729의 성질을 다음과 같은 써서 하디에게 보여 주었습니다.

$$1{,}729 = 1^3 + 12^3 = 9^3 + 10^3$$

저는 라마누잔과 같은 수학적 천재성은 없지만, 수에 대해 다양한 방법으로 흥미로운 사실을 발견하길 좋아하는 심성은 비슷합니다. 사실 라마누잔처럼 저도 자동차 번호판에서 수의 성질을 이것저것 찾아보는 '번호판 놀이'를 즐기니까요. 그런데 제가 하는 번호판 놀이는 라마누잔처럼 복잡하지는 않습니다. 덧셈만 할 줄 알면 누구나 즐길 수 있는 '배수 확인하기'입니다. 수로 세상을 보면 따분한 시간도 즐겁게 되고, 보이지 않는 것들이 보이는 흥미로운 시간이 됩니다. 여러분도 따라해 볼 수 있게 방법을 알려드리겠습니다. 우선 배수에 대해 간단히 알아보겠습니다.

어떤 수를 1배, 2배, 3배 한 수를 어떤 수의 배수라고 합니다. 예를 들어 4를 1배 한 수는 4에 1을 곱한 수 4이고, 2배 한 수는 4에 2를 곱한 수 8, 3배 한 수는 4에 3을 곱한 수 12…이지요. 이렇게 4를 몇 배 한 수는 4에 몇을 곱한 수와 같습니다. 그래서 4를 몇 배 한 수들인 4, 8, 12, 16…를 4의 배가 되는 수라고 해서 4의 배수라고 합니다. 배수를 구하는 원리를 알면 어떤 수를 10배, 11배, 28배, 100배 한 수들도 쉽게 구할 수 있습니다.

어떤 수의 배수란 어떤 수에 몇 배했을 때 어떤 수에 몇을 곱한 수를 말하므로, 4의 배수를 4의 1배, 2배, 10배, 20배, 100배,

200배, 1,000배…와 같이 끝없이 구할 수 있습니다. 즉, 수가 무수히 존재하는 한 배수도 끝없이 구할 수 있지요.

어떤 수의 배수는 그 수에 자연수 1, 2, 3…을 곱하여 얻을 수 있으므로, 2의 배수는 2씩, 3의 배수는 3씩, 4의 배수는 4씩… 커지는 규칙이 있습니다. 그래서 어떤 수의 배수는 자연수에서 일정한 간격으로 건너뛰며 배수가 나타납니다. 어떤 수의 배수를 구하다 보면 발견되는 공통점이 있습니다. 바로, 어떤 수의 배수 중에서 가장 작은 수는 어떤 수 자신이라는 사실이지요. 이를테면 2의 배수 2, 4, 6 … 중에서 가장 작은 수는 2이고, 3의 배수 3, 6, 9 … 중에서 가장 작은 수는 3입니다.

한편, 모든 자연수가 배수가 되는 수가 있습니다. 1의 배수를 알아보면 1의 배수는 1씩 커지므로 1, 2, 3, 4, 5, 6…과 같이 1부터 시작하는 모든 자연수입니다.

어떤 수의 배수가 되는지 어떤지를 쉽게 판단할 수 있는 '배수판정법'이 있다면 얼마나 편리할까요?

바로 배수판정법을 이용하여 자동차의 번호판에 있는 수가 어떤 수의 배수인지 확인하는 방법이 제가 즐기는 번호판 놀이입니다. 주어진 수가 어떤 수의 배수인지 아닌지를 확인할 수 있는 가장 간단한 방법은 주어진 수를 어떤 수로 나누어 보면 됩니다. 이를테면 92가 4의 배수인지 아닌지 알려면 다음과 같은 식이 필요합니다. 바로, $92 \div 4 = 23$에서 $4 \times 23 = 92$, 4의

23배가 92이므로 92는 4의 배수라는 사실 말이지요.

그렇다면 451,359,387,532는 4의 배수일까요? 주어진 수가 4로 나누어떨어지면 4의 배수지만 큰 수를 나누기란 쉽지 않지요. 그것도 운전을 하면서 말이지요. 그래서 이런 큰 수가 어떤 수의 배수인지 아닌지를 쉽게 알아내는 간단한 방법이 필요합니다. 어떤 수의 배수를 쉽게 판단할 수 있는 몇 가지 방법을 알아보겠습니다.

▷ 2의 배수 : 일의 자리 숫자가 2, 4, 6, 8, 0인 수. 24, 26, 38, 40, 1000… 등은 모두 2의 배수이다. 2의 배수를 짝수라고도 한다.

▷ 3의 배수 : 각 자릿수의 합이 3의 배수가 되는 수. 예를 들어 384의 각 자릿수 3, 8, 4를 더하면 3+8+4=15이고, 15는 3의 배수이므로 384는 3의 배수이다. 재미있게도 3의 배수인 384의 세 숫자 3, 8, 4로 만들 수 있는 모든 세 자릿수 384, 348, 438, 483, 834, 843은 모두 3의 배수이다. 이 수들의 각 자릿수를 더하면 15이고 15는 3의 배수이기 때문이다. 그런데 334의 각 자릿수를 더하면 3+3+4=10이고, 10은 3의 배수가 아니므로 334는 3의 배수가 아니다. 같은 이유로 334, 343, 433도 모두 3의 배수가 아니다.

▷ 4의 배수 : 끝의 두 자리가 00이거나 4의 배수인 수. 예를 들어

500, 716, 54,520 그리고 앞에서 보았던 451,359,387,532는 끝의 두 자리가 00이거나 4의 배수이므로 모두 4의 배수이다. 그러나 206과 444,482 등은 짝수이지만 끝의 두 자리가 00이거나 4의 배수가 아니므로 4의 배수가 아니다.

▷ 5의 배수 : 일의 자리가 0 또는 5인 수. 예를 들어 10, 20, 25, 35, 100… 등은 모두 5의 배수이다.

▷ 6의 배수 : 각 자릿수의 합이 3의 배수가 되는 짝수. 예를 들어 468의 각 자릿수의 합은 $4+6+8=18$이고, 18은 3의 배수이다. 또 468은 짝수이므로 결국 6의 배수이다. 그러나 567는 $5+6+7=18$이고, 18은 3의 배수이지만 567은 짝수가 아니므로 567은 6의 배수가 아니다.

▷ 7의 배수 : 어떤 수가 7의 배수가 되는지를 알기란 여러 배수판정법 중에서 가장 어렵다. 7의 배수판정법은 네 자릿수 이상에만 해당한다. 네 자릿수 $abcd$가 있다면 $abc-2\times d$를 해서 7의 배수인지 확인하면 된다. 예를 들어 1,498에 대하여 $149-2\times 8=133$이고, 133은 7의 배수이므로 1,498은 7의 배수이다. 이마저도 다른 수의 배수판정법보다 복잡하고, 딱 네 자릿수의 경우에만 쓸 수 있다.

▷ 8의 배수 : 끝의 세 자리가 000 또는 8의 배수인 수. 예를 들어 320과 4,000 그리고 7,336은 끝의 세 자리가 000 또는 8의 배수인 수이므로 모두 8의 배수이다.

▷ 9의 배수 : 각 자릿수의 합이 9의 배수인 수. 예를 들어 254,421의 각 자릿수의 합은 $2+5+4+4+2+1=18$이고, 18은 9의 배수이므로 254,421은 9의 배수이다. 3의 배수의 경우와 마찬가지로 6개의 수 2, 5, 4, 4, 2, 1로 만들 수 있는 $6!=720$개의 서로 다른 수들은 모두 9의 배수이다. 이를테면 252,144과 544,212 그리고 421,542는 모두 9의 배수이다. 참고로 9의 배수이면 3의 배수이지만 3의 배수라고 해서 모두 9의 배수는 아니다.

▷ 10의 배수 : 일의 자리가 0인 수. 예를 들어 20과 300 그리고 5,000… 등은 모두 일의 자리가 0이므로 10의 배수이다.

▷ 11의 배수 : 홀수 번째 자리의 합과 짝수 번째 자리의 합의 차가 0 또는 11의 배수인 수. 예를 들어 3,718에서 홀수 번째 자리는 7, 8이고 짝수 번째 자리는 3, 1이다. 그러면 $(7+8)-(3+1)=15-4=11$이고, 11은 11의 배수이므로 3,718은 11의 배수이다.

모든 수에 대해 어떤 수가 그 수의 배수인지 아닌지를 판정하는 일반적인 방법은 없지만, 1부터 11까지의 수에 대해 배수가 되는지 알고 있으면 편리하게 활용할 수 있습니다.

자동차의 번호판이 '157수 8630'라고 해 보겠습니다. 우선 이 수는 일의 자리가 0이므로 짝수이고 2의 배수, 5의 배수, 10의 배수입니다. 마지막 두 자리는 30이므로 4의 배수는 아니고, 끝의 세 자리 630은 8의 배수가 아닙니다. 따라서 1,578,630은 2의 배수, 5의 배수, 10의 배수이지만 4의 배수와 8의 배수는 아니지요.

자동차 번호판에 있는 모든 숫자를 더해 봅시다. 그러면 1+5+7+8+6+3+0=30이고 30은 3의 배수이지만 9의 배수는 아니므로 1,578,630은 3의 배수이지만 9의 배수는 아닙니다. 또 이 수는 짝수이자 3의 배수이므로 6의 배수입니다. 사실 이 수는 7로 나누어떨어지지 않으므로 7의 배수는 아니지만 쉽게 알아낼 방법은 없습니다. 마지막으로 홀수 번째 자리의 수 1, 7, 6, 0과 짝수 번째 자리의 수 5, 8, 3을 각각 더하면 1+7+6+0=14이고 5+8+3=16입니다. 이때 두 수의 차 16-14=4는 0 또는 11의 배수가 아니므로 1,578,630는 11의 배수는 아닙니다.

배수를 찾는 방법에서 3과 9의 배수가 흥미롭다고 소개했지요. 자동차 번호판의 경우도 주어진 숫자를 어떻게 배열해도 항상 3의 배수이지만 9의 배수는 아니니까요. 이를테면

1,578,630에 있는 숫자 1, 5, 7, 8, 6, 3, 0을 재배열한 5,760,318과 1,785,063과 3,067,581 등은 모두 3의 배수이지만 9의 배수는 아닙니다.

어떻게 이렇게 쉽게 알 수 있는지 알아봅시다.

1을 3으로 나누면 몫이 0이고 나머지가 1입니다. 그러면 다음과 같은 식이 성립됩니다. 바로, $1=0\times3+1$이지요. 2를 3으로 나누면 몫은 0이고 나머지가 2입니다. 즉, $2=0\times3+2$입니다. 또 1을 1번, 2번 3번 4번 더하면 나머지가 각각 1, 2, 0, 1입니다. 즉, 나머지가 차례대로 1, 2, 0을 순환합니다. 마찬가지로 2를 1번, 2번, 3번, 4번 더하면 나머지가 각각 2, 1, 0, 2이고, 나머지가 차례대로 2, 1, 0을 순환합니다. 물론 3은 몇 번을 더해도 3으로 나누어 떨어지므로 나머지는 0입니다. 6과 9는 3의 배수이고 6과 9에 각각 1을 더한 7과 10을 3으로 나누면 나머지가 모두 1입니다.

또 6과 9에서 1을 빼면 5와 8이고 3으로 나누면 나머지가 모두 2이고요. 또 6과 9에 2를 곱한 12와 18은 여전히 3의 배수입니다. 즉, 두 수 a, b가 어떤 수 m의 배수이면 두 수에 같은 수 c를 더하거나 뺀 $a+c$, $b+c$를 각각 m으로 나누었을 때 나머지는 항상 같게 됩니다. 또 c를 곱한 ac, bc는 여전히 m의 배수입니다. 물론 여러 개의 다른 수를 더하거나 빼도 이 성질은 계속해서 성립하지요. 즉, $a+c_1+c_2+\cdots+c_n$과 $b+c_1+c_2+\cdots+c_n$은 m

으로 나눈 나머지는 같고, 두 수 a, b가 어떤 수 m의 배수이면 $ac_1c_2\cdots c_n$와 $bc_1c_2\cdots c_n$은 여전히 m의 배수입니다.

이와 같은 배수의 성질을 좀 더 확장할 수 있지만, 그 과정이 매우 복잡하고 난해하기 때문에 여기서는 생략하겠습니다.

11

별은 얼마나 밝게 빛날까

역제곱의 법칙

요즘은 밤하늘을 바라보면 별을 보기 어렵지만, 제가 어렸을 때는 그야말로 하늘에서 별이 쏟아져 내렸습니다. 밤하늘을 가로지르는 은하수는 마치 은가루를 뿌려 놓은 듯 아름다웠지요. 은하수에 관한 재미있는 그리스 신화가 있습니다.

오래전, 운명의 여신들이 제우스에게 다음과 같은 예언을 했다고 합니다.

"우라노스의 피에서 태어난 기가스들이 올림포스의 신들에 대항해 반란을 일으킬 것이며, 신들이 이들을 물리치려면 반드시 인간에게서 태어난 영웅의 힘을 빌려야 합니다."

제우스는 이 예언을 되새기며 기가스를 물리칠 인간 영웅을 낳아 줄 여인을 찾고 있었습니다. 그와 함께 이 역할을 수행할 인간을 잉태시킬 수 있을 만큼의 지혜와 아름다움과 힘을 가진 여인이어야 했는데, 그의 눈에 페르세우스의 후손인 알크메네가 눈에 들어왔지요. 제우스는 밤이 되길 기다렸다가 알크메네의 약혼자인 암피트리온으로 변장하고 알크메네를 찾아갔습니다. 알크메네는 머리가 좋고 아름다우며 강한 여자였습니다. 당시 암피트리온은 알크메네의 오빠를 죽인 도적에게 복수하기 위하여 떠나 있었습니다. 제우스는 알크메네에게 복수했다고 말했고, 그녀는 제우스가 암피트리온이라고 믿고 그와 동침을 허락했지요.

다음 날 아침 일찍 제우스가 떠나자 진짜 암피트리온이 돌아왔습니다. 암피트리온은 기쁜 얼굴로 알크메네에게 자신의 승리에 대하여 이야기하며 하룻밤을 지냈습니다. 아침이 되자 알크메네는 암피트리온에게 같은 이야기를 두 번이나 들었다고 했지요. 암피트리온은 이상하게 생각하여 유명한 예언자인 테이레시아스를 찾아갔습니다. 테이레시아스는 암피트리온에게 이 일에 제우스가 관련되어 있다고 알려주었습니다.

이 모든 일을 제우스의 아내이자 결혼과 가정의 여신인 최고의 여신 헤라가 모를 리가 없지요. 알크메네는 열 달 뒤에 쌍둥이 사내아이를 낳는데, 이때부터 헤라의 방해가 시작되었습니다. 알크메네가 해산할 때가 되자 헤라는 출산의 여신인 에일레이티아를 불러 아이를 낳지 못하게 지키고 있으라고 명령했고, 여신은 방문 앞에서 알크메네가 해산을 하지 못하도록 지키고 있었습니다. 그러나 다행히도 알크메네의 머리 좋은 하녀인 갈란티스는 에일레이티아가 해산을 방해하는 것을 알고 갑자기 방에서 뛰쳐나오면서 큰소리로 외쳤습니다.

"아이가 태어났어요. 사내아이예요!"

깜짝 놀란 에일레이티아가 어떻게 된 일인지 보려고 방으로 펄쩍 뛰어오는 바람에 알크메네는 아이를 낳을 수 있었습니다. 알크메네는 쌍둥이를 낳았는데, 하나는 제우스의 아들 헤라클레스이고 다른 하나는 암피트리온의 아기인 이피클레스였습니다. 그런데 이 둘은 너무나 닮았기 때문에 알크메네조차도 누가 누군지 알 수 없었지요. 그러나 제우스만은 그를 알아보았습니다.

제우스는 아무도 모르게 요람에서 헤라클레스를 데려가, 잠자고 있던 헤라의 젖을 먹였습니다. 헤라의 젖을 먹으면 죽지 않는 신이 되기 때문이었지요. 그런데 아기가 젖을 어찌나 세게 빨았던지 헤라가 잠에서 깨 비명을 지르며 아이를 밀쳐냈습니다. 그런데 아기가 빤 힘 때문에 젖이 멀리까지 뿜어져 나가서 은하수가 되었다고 합니다. 그래서 은하수를 영어로 '젖의 길(Milky way)'이라고 합니다.

헤라클레스라는 이름에는 '헤라의 영광'이라는 의미가 있습니다. 그러나 이후에 헤라클레스는 헤라의 미움을 받아 여러 고난을 겪게 됩니다. 마침내 올림포스 신들은 헤라클레스의 도움으로 기가스와의 전쟁에서 승리했지요. 그리고 헤라클레스는 하늘의 별자리가 되었고, 여름철 밤하늘에서 찾을 수 있습니다. 이 별자리는 직녀성(베가) 서쪽에서 찾을 수 있으며 88개의 별자리 중 크기 순으로는 5위에 해당하는 매우 커다란 별자리입니다.

아주 밝은 별은 없지만 3~4등급의 별들이 있는 모양이 뚜렷해 그리는 것은 어렵지 않습니다. 성도에 그려진 헤라클레스는 머리가 아홉 개인 물뱀 히드라를 때려잡는 모습으로, 히드라는 헤라클레스에게 처치당한 뒤 그의 전리품으로 별자리에 올라 지금의 바다뱀자리가 됩니다. 헤라클레스의 머리에 해당하는 가장 밝은 별인 라스알게티는 크기가 태양의 800배나 되는 적색 초거성으로 알려져 있습니다.

별은 우리가 흔히 이용하는 거리 감각으로 따지면 매우 멀리 있기에 천구에 붙어 있는 것처럼 보여서 실제 거리를 느끼기는 쉽지 않습니다. 그런데 이런 별들은 우리 눈으로 보기에 밝기가 약간씩 다릅니다. 실제로 별의 밝기는 지구로부터 별까지 거리의 제곱에 반비례해서 어두워집니다. 이를테면 밝기가 같은 두 별이 있을 때, 한 별이 다른 별보다 2배 멀리 있다면 멀리 있는 별의 밝기는 가까이 있는 별의 밝기의 $\frac{1}{2^2}=\frac{1}{4}$ 입니다. 이것을 '역제곱 법칙'이라고 합니다. 역제곱 법칙이 성립하는 이유는 닮음인 도형의 넓이의 비 때문이지요.

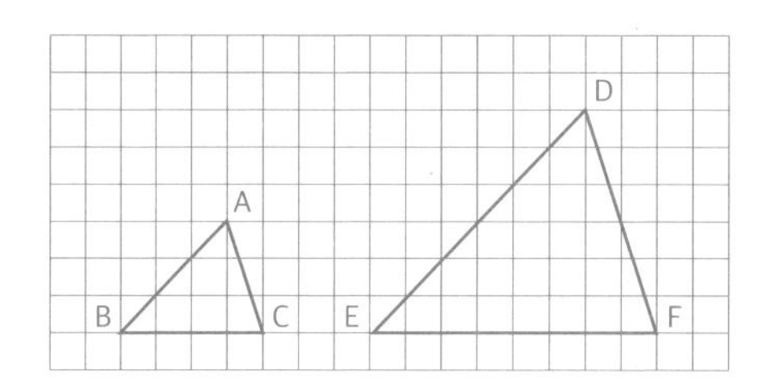

위의 그림에서 △DEF는 △ABC의 각 변의 길이를 각각 두 배로 확대한 것입니다. △ABC의 각 변의 길이를 각각 두 배 하면 △DEF와 합동이고, △DEF의 각 변의 길이를 각각 $\frac{1}{2}$배 하면 △ABC와 합동입니다. 이렇게 한 도형을 일정한 비율로 확대하거나 축소한 도형이 다른 도형과 합동일 때, 그 두 도형을 닮음인 관계에 있다고 합니다. 또 닮음인 관계에 있는 두 도형을 닮은 도형이라고 합니다. △ABC와 △DEF가 닮은 도형일 때, 이것을 기호 ∽를 사용하여 다음과 같이 나타냅니다.

$$\triangle ABC \backsim \triangle DEF$$

두 도형이 닮음임을 기호로 나타낼 때, 두 도형의 꼭짓점은 대응하는 순서대로 씁니다.

$\triangle ABC \backsim \triangle DEF$일 때, 두 삼각형에서 세 쌍의 대응변의 길이의 비를 각각 비교하면 이처럼 일정함을 알 수 있습니다.

$$\overline{AB} : \overline{DE} = \overline{BC} : \overline{EF} = \overline{CA} : \overline{FD} = 1 : 2$$

또 두 삼각형에서 세 쌍의 대응각의 크기를 각각 비교하면 아래와 같습니다.

$$\angle A = \angle D,\ \angle B = \angle E,\ \angle C = \angle F$$

일반적으로 닮은 두 평면도형에는 대응변의 길이의 비는 일정하고, 대응각의 크기는 각각 같습니다. 닮은 두 도형에서 대응변의 길이의 비를 '닮음비'라고 하지요. 이를테면 위의 닮은 두 삼각형 ABC와 DEF에서 대응변의 길이의 비가 1:2이므로 닮음비는 1:2입니다. 여러 도형 중에서 특히 원은 모두 닮음이고, 닮음비는 원의 반지름의 길이의 비와 같습니다. 즉, 반지름의 길이가 각각 a와 b인 원의 닮음비는 $a : b$입니다.

닮음비를 이용하면 직접 높이를 잴 수 없는 나무의 높이를 그림자의 길이로 계산할 수 있습니다.

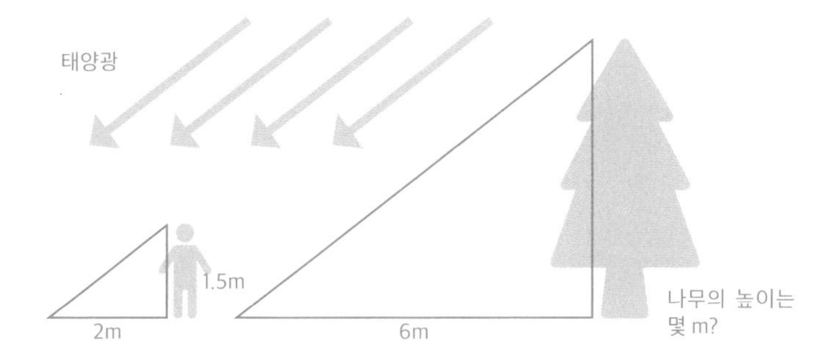

위의 그림에서 보듯 키가 1.5미터인 사람의 그림자의 길이가 2미터, 나무의 그림자의 길이가 6미터입니다. 그림에서 두 삼각형은 모두 직각삼각형이고, 빗변의 방향은 태양광이 비치는 방향과 같으므로 닮음입니다. 구하려는 나무의 높이를 x라 하면 닮음비에 대하여 $2:6=1.5:x \Leftrightarrow 2x=6\times1.5=9$이 성립합니다. 따라서 나무의 높이는 $\frac{9}{2}=4.5$미터임을 알 수 있습니다.

이번에는 닮음인 두 도형의 넓이를 생각해 보겠습니다. 앞에서 두 삼각형 ABC와 DEF의 닮음비가 1:2임을 알았습니다. 삼각형의 넓이는 (밑변의 길이)×(높이)×$\frac{1}{2}$이므로 △ABC의 넓이를 구하면 $4\times3\times\frac{1}{2}=6$, △DEF의 넓이는 $8\times6\times\frac{1}{2}=24$입니다. 따라서 두 닮음인 삼각형의 넓이의 비는 6:24=1:4입니다. 즉, $1:4=1:2^2$입니다. 일반적으로 닮음비가 $a:b$인 두 도형의 넓이의 비는 $a^2:b^2$입니다. 특히 반지름의 길이가 각각 a와 b인 원의 넓이의 비는 $a^2:b^2$이지요.

이제 별의 밝기가 왜 제곱의 역수인지 알아보겠습니다.

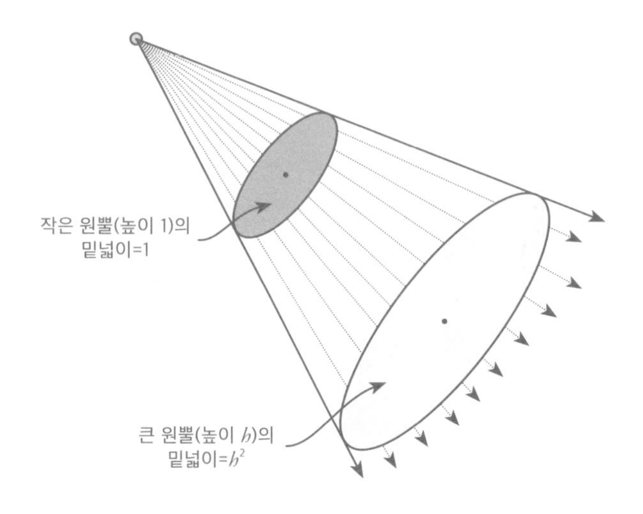

위의 그림과 같이 멀리 있는 별에서 오는 빛이 만드는 두 개의 원뿔을 생각해 볼까요?

작은 원뿔을 확대하면 큰 원뿔과 포개어지므로 두 원뿔은 닮음입니다. 이때 작은 원뿔의 높이(별에서부터 작은 원뿔에 이르는 거리)는 1이고 큰 원뿔의 높이(별에서부터 큰 원뿔에 이르는 거리)를 h라 하면, 두 원뿔의 닮음비는 $1:h$입니다. 따라서 작은 원뿔의 밑면의 원과 큰 원뿔의 밑면의 원의 닮음비도 $1:h$이고, 두 원의 넓이의 비는 $1^2:h^2=1:h^2$입니다.

빛은 직진하므로 이들 원뿔의 밑면의 원을 관통하는 빛의 양은 같습니다. 큰 원은 작은 원과 같은 양의 빛으로 h^2배 넓은 영역을 비치므로 밝기는 그 역수인 $\frac{1}{h^2}$이 됩니다. 즉, 별의 밝기는 거리 h의 제곱에 반비례해서 어두워짐을 알 수 있습니다.

이것이 바로 앞에서 소개한 역제곱 법칙입니다. 중력이나 정전기력 등도 마찬가지 이유로 역제곱 법칙을 따릅니다. 이처럼 역제곱 법칙이 자연계의 여러 장면에 나타나는 것, 즉 어두운 밤에 별이 서로 다른 밝기로 빛나는 이유도 수학으로 쉽게 설명할 수 있습니다.

12

병뚜껑에 숨어 있는 각도

약수

시원하고 톡 쏘는 탄산음료를 마시려면 우선 병 주둥이에 있는 뚜껑을 따야 합니다. 현재 우리가 사용하고 있는 병뚜껑에는 여러 종류가 있는데, 병뚜껑이라고 하면 우리는 가장 먼저 왕관 모양을 떠올리지요.

그런데 인류는 언제부터 병뚜껑을 사용했을까요?

병뚜껑은 기원전 2000년경의 폼페이 유적에서도 발견될 정도로 오래전부터 사용되어 왔습니다. 하지만 옛날 병뚜껑은 지금처럼 올록볼록한 왕관 모양은 아니었지요. 지금과 같은 왕관 모양의 홈을 가진 병뚜껑이 발명된 것은 1892년 미국 볼티모어에 살던 윌리엄 페인터(Painter) 부부가 소다수가 변질됨을 막기 위해 만들었습니다.

페인터는 병 속에 든 음료가 상한 줄 모르고 마시는 바람에 식중독에 걸렸습니다. 병뚜껑 때문에 음료가 상했음을 알게 된 뒤 페인터는 병에 담긴 내용물이 상하지 않는 병뚜껑을 개발하기로 마음먹습니다. 그때까지 사용되던 병뚜껑은 유리 제품과 탄산음료에서 나오는 탄산가스의 압력에 오래 버티지 못한다는 단점이 있었지요.

'제대로 된 병뚜껑을 만들려면 가장 먼저 무엇을 해야 할까?'

페인터는 고민하다가 다양한 모양의 병뚜껑의 장단점을 파악하기 위해 개발된 병뚜껑을 모았습니다. 그가 5년 동안 모은 병뚜껑은 무려 600여 종으로 3,000개였습니다. 페인터는 열심히 모은 병뚜껑을 유심히 살피며 연구한 결과 병의 입구 안으로 나사처럼 뚜껑을 돌려 끼우는 뚜껑을 개발하기에 이르렀습니다.

하지만 이 뚜껑은 몇 가지 문제점이 있었습니다. 일회용이 아니라서 병마개를 재사용할 때마다 조금씩 부서지기도 했고, 병에 담긴 음료수가 새것인지 아닌지도 확인할 수 없었지요. 실제로 일부 악덕업자는 병뚜껑을 재활용하면서 비싼 술 용기 안에 싸구려 술을 넣어 팔기도 했습니다. 그러나 가장 큰 문제

점은 탄산수나 맥주를 넣었을 때, 병마개가 압력을 견디지 못하고 튕겨 나가는 점이었습니다.

이런 단점을 보완하려고 페인터는 우선 재활용할 수 없는 일회용 병뚜껑을 만들기로 결심했지만 연구는 번번이 실패로 돌아갔습니다. 그러던 어느 날 페인터의 아내가 말했습니다.

"병에 모자처럼 뚜껑을 씌운 다음 그 둘레를 왕관처럼 꽉 조이면 어떨까요?"

아내의 말에 페인터는 서둘러 모형을 제작했습니다. 먼저 병의 주둥이에 홈을 파고 주둥이 위에 동그란 쇠붙이를 올려놓고, 그 둘레에 힘을 주어 뚜껑을 닫았지요. 마침내 톱니가 난 왕관 모양의 병뚜껑이 탄생했습니다.

하지만 페인터의 연구는 끝나지 않았습니다. 문제는 병뚜껑에 만든 톱니의 개수였습니다. 톱니의 수가 많으면 탄산음료나 맥주의 압력을 견딜 수 있었지만 병을 따기가 어려웠고, 톱니의 수가 적으면 음료수병을 따기는 쉬웠지만 내용물의 압력을 견디기 어려웠습니다.

페인터는 새로 개발된 병뚜껑의 겉면을 감싼 동그란 쇠붙이를 원이라고 생각하고, 원 둘레로 적당한 개수의 톱니를 그려

360의 약수를 구해 같은 간격으로 그린 병뚜껑의 모습

나갔습니다. 원은 360도이므로 360의 약수를 구하여 같은 간격으로 톱니를 그리기 시작했습니다. 그러나 360의 약수가 너무 많기 때문에 페인터는 정삼각형을 이용하여 톱니를 그려보기로 했지요. 페인터는 동그란 쇠붙이에 정삼각형을 여러 개 그려가며 적당한 톱니의 수를 찾기 시작했습니다. 그리고 마침내 정삼각형 8개를 돌려가며 24개의 톱니를 만들었을 때, 뚜껑이 가스의 압력을 견디는 동시에 딸 때 너무 힘이 들지 않음을 발견했습니다.

$360 = 2^3 \times 3^2 \times 5$이므로 360의 약수는 1, 2, 3, 4, 5, 6, 8, 9, 10, 12, 15, 18, 20, 24, 30, 36, 40, 45, 60, 72, 90, 120, 180, 360으로 모두 24개입니다. 그런데 원에 정삼각형을 그려 넣어야 하므로 24개의 약수 각각에 정삼각형의 꼭짓점의 개수 3을 곱하여 360을 나눴을 때, 360도 원 안에 자연수 크기의 각을 유지하며 같은 간격으로 정삼각형을 그려 넣을 수 있는 경우는 1, 2, 3,

4, 5, 6, 8, 12, 15, 20, 30, 40, 60, 120입니다. 이를테면 9의 경우 $9 \times 3 = 27$ 이고 $360 \div 27 = 13.333\cdots$이므로 9개의 정삼각형을 원 안에 그려 넣을 때 꼭짓점 사이의 각(톱니 사이의 각)의 크기를 $13.333\cdots$도로 정해야 합니다. 따라서 당시에 9개의 정삼각형을 원 안에 정확하게 배열하는 것은 매우 어려운 일입니다.

한편, 약수에 3을 곱한 값이 360을 나누어 몫이 자연수로 나누어떨어지는 약수 중에서 6을 살펴봅시다. 여섯 개인 정삼각형을 이용하는 경우에 병을 감싸는 톱니 사이의 간격은 $360 \div (6 \times 3) = 20$이므로 20도가 됩니다. 이때는 뚜껑이 가스의 압력을 견디기 어렵다고 합니다. 즉, 정삼각형이 6개 이하인 경우는 모두 뚜껑으로서 적합하지 않습니다. 12개 이상인 경우는 너무 촘촘하게 톱니가 붙어 있어서 병을 따기 어렵습니다. 따라서 가장 좋은 톱니의 수는 8개입니다. 즉 $360 \div 8 \div 3 = 15$이므로 360도인 원을 15도씩 간격을 유지하며 모두 24개의 톱니를 배열하면 됩니다.

1892년 페인터 부부는 마침내 왕관 모양의 홈이 있는 병뚜껑을 발명하였고, 왕관 모양을 닮았다고 해서 이 뚜껑을 '크라운 코르크(CROWN CORK)'라고도 부르게 되었습니다. 페인터는 왕관 모양의 병뚜껑을 발명한 지 얼마 후 해당 발명품에 대한 특허를 신청하였고, 1894년 특허를 취득하였지요.

처음 24개였던 톱니는 좀 더 효율적으로 개량되어 현재 병뚜껑에 난 홈의 개수는 21개가 되었습니다. 이 톱니의 개수는 현재까지 고정되어 모든 유리병 뚜껑의 톱니의 수는 21개로 세계 공통인데, 21개보다 적으면 뚜껑이 벗겨지기 쉽고, 더 많으면 열기 힘들다고 합니다. 이렇게 별것이 아닌 것 같은 병뚜껑의 발명으로 윌리엄 페인터 부부는 당시에 매우 큰돈인 하루에 1,000달러, 1년에 무려 35만 6,000달러의 특허 사용료를 받았다고 합니다.

하지만 당시 음료업자와 양조업자가 왕관 모양의 병뚜껑을 사용하려면 기존에 사용하던 병과 기계를 바꿔야 하는 불편함을 감수해야 했습니다. 페인터는 이들이 자신의 병뚜껑을 사용하도록 설득하기 위해 왕관 모양 병뚜껑으로 밀봉된 맥주를 북미에서 남미까지 운송했다고 합니다.

1906년 크라운 코르크 앤 실사(社)는 전 세계적으로 병뚜껑 공장을 가동하였으며 1930년대에는 전 세계 병뚜껑 중 거의 절반을 공급했지요. 페인터가 원의 성질을 이용하여 병뚜껑을 고안하지 않았다면 지금쯤 우리는 톡 쏘는 청량음료를 오랫동안 보관하지 못하고 있을 수도 있습니다.

13

바이오리듬은 진짜일까?

최소공배수

어떤 날은 이유 없이 기분이 좋기도 하고, 어떤 날은 괜히 기분이 나쁘고 짜증이 나기도 합니다. 또 어떤 날은 집중력이 아주 좋은 날이 있지요. 왜 그럴까요?

혹시 우리 몸의 바이오리듬을 아시나요? 독일의 의사 빌헬름 플리스가 발견한 바이오리듬(Biorhythm)은 인체에 신체, 감성, 지성의 세 가지 주기가 있으며, 세 가지 주기가 생년월일의 입력에 따라 어떤 패턴으로 나타나고, 패턴의 조합에 따라 능력이나 활동 효율에 차이가 있다고 했습니다. 신체(Physical cycle)는 23일, 감성(Emotional cycle)은 28일, 그리고 지성(Intellectual cycle)은 33일을 주기로 변하지요.

바이오리듬

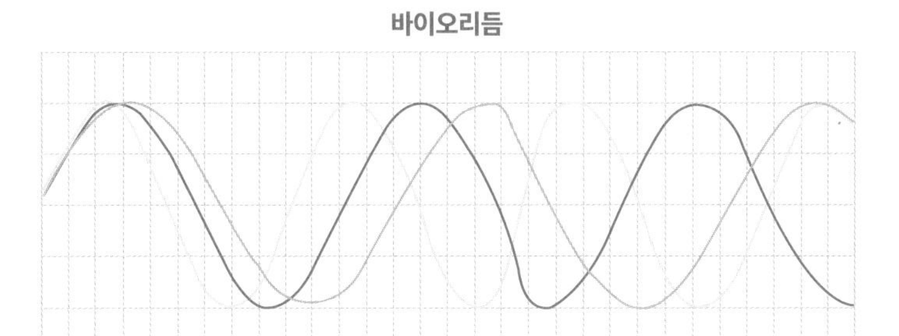

하지만 바이오리듬은 신체, 감성, 지성 리듬의 주기가 일정하다고 가정하며, 같은 날에 태어난 모든 사람을 같은 리듬을 갖는다고 보기 때문에 획일적입니다. 또 숫자에 관련된 신비주의의 영향을 받는 등 과학으로 보기에 대단히 미흡합니다. 그래서 현재 바이오리듬은 '혈액형에 따른 성격'과 함께 과학적 이론이라기보다는 과학의 이름을 빌린 일종의 점술이며 대표적인 사이비 과학입니다. 사이비 과학이더라도 흥미로우므로 바이오리듬에 대하여 좀 더 알아보겠습니다.

23일의 주기를 갖는 신체 리듬은 근육세포와 근섬유를 지배하는 리듬으로 건강상태를 결정합니다. 또한 심리적 에너지에도 영향을 미쳐 활력, 공격성, 일에 대한 의욕, 진취성, 저항력, 자신감, 용기, 인내, 투지, 반항심 등에도 반영되며 특성상 '남성 리듬'이라고 부르기도 합니다.

28일의 주기를 갖는 감성 리듬은 교감신경계를 지배하며 여성 호르몬이 관계된다고 보아 '여성 리듬'이라고도 하며 정서나 감정의 에너지에 관여합니다. 따라서 감정·정서·기분·명랑성·비위·감수성·육감·상상력·표현력·협조성과 예술적 감각 등에 직접적으로 반영됩니다.

33일의 주기를 갖는 지성 리듬은 뇌세포 활동을 지배하며 갑상선호르몬 분비의 주기에 따라 두뇌 작용에 파동이 생겨 일어납니다. 따라서 지성 리듬은 정신력, 냉철함, 침착성, 이해력, 판단력, 추리력, 분석력, 이성, 논리적 구성력, 집중력, 통합력, 대인관계 및 대응능력, 담화나 문장 집필 등에 반영되고 있습니다.

바이오리듬은 출생일로부터 시작해 일생 동안 주기성에 변화가 없습니다. 세 곡선은 출생과 동시에 기준이 되는 0 지점에서 출발해 에너지와 능력이 고조되며 최고점에 이른 후 하강하기 시작해 다시 0 지점을 지나 저조기에 들어서고 최저점에 도달합니다. 그 후 다시 새로운 에너지 보충으로 서서히 회복되어 0 지점에 오면서 한 주기를 마치게 됩니다. 일반적으로 0 지점은 최고점과 최저점의 중간에 위치하지요.

신체, 감성, 지성에 대한 바이오리듬이 저조기에서 고조기로 바뀌는 날과 고조기에서 저조기로 전환하는 날은 리듬의 성질이 급격하게 바뀌므로 심신상태가 불안정해 '위험일'이라고 부릅니다. 이날은 뜻하지 않은 사고를 내거나 실수하기 쉬운 날이므로 주의해야 합니다. 특히 세 가지 리듬 모두가 위험일이 되는 3중 위험일은 가장 위험한 날이며, 2중 위험일도 단일 위험일보다 위험하지요. 그래서 위험일에 가벼운 일을 하며 휴식을 취하는 것이 바람직합니다.

바이오리듬은 신체, 감성, 지성의 세 가지 리듬 중에 개인에 따라 지배적으로 작용하는 리듬이 있으므로 이를 중심으로 해석을 해야 합니다. 바이오리듬에 대한 응용은 전후 유럽과 일본·미국 등을 주축으로 퍼져나갔으며 특히 계산기·컴퓨터의 도입으로 수리적 계산이 훨씬 쉬워지고 간편해졌습니다. 현재는 산업·의학·비행·운수·스포츠 등의 여러 분야에서 재해예방 및 능률향상에 이용되고 있습니다.

바이오리듬은 태어나면 정해지고, 일생동안 변하지 않는다고 알려졌지요. 또 바이오리듬에 3중 위험일도 있지만 3중 최고조일도 있습니다. 즉, 신체, 감성, 지성이 각각 모두 최고조일로 겹치게 되는 날이 있습니다.

그렇다면 과연 3중 위험일과 3중 최고조일은 며칠 만에 돌아올까요? 그것을 알려면 세 수 23, 28, 33의 최소공배수를 구하면 됩니다. 그리고 세 수 23, 28, 33의 최소공배수는 $23 \times 28 \times 33 = 21,252$입니다. 따라서 바이오리듬에 따르면 처음 태어나서 0 지점에서 출발한 세 가지 리듬은 3중 위험일 또는 3중 최고조일이 되려면 최소한 21,252일이 지나야 합니다. 1년은 365일이므로 21,252일은 58년 이상입니다. 따라서 바이오리듬에 의하면 가장 좋은 날과 가장 좋지 않은 날은 58년에 꼭 한 번씩 돌아오므로 일생동안 1번 정도 겪게 되는 것이지요. 만약 우리가 120년쯤 살 수 있다면 일생동안 2번 겪게 되므로 너무 걱정하지 않아도 됩니다.

앞에서도 말했지만, 바이오리듬은 과학의 이름을 빌린 비과학이므로 단순한 흥미 정도로 생각하길 바랍니다.

14

60갑자의 비밀

진법

동양에서는 아주 오래전부터 바이오리듬의 58년과 비슷하게 사람의 일생은 60년을 주기로 변한다는 생각을 가지고 있었습니다. 매년 한 해를 책임질 열두 동물이 정해지는데, 열두 동물들이 정해진 데에는 다음과 같은 전설이 있습니다.

인간 세상을 돌보던 옥황상제는 자신을 도와 인간에게 이로움을 줄 수 있는 동물을 정하기로 했지요. 그래서 모든 동물을 불러 모으고 말했습니다.

"모월 모일 모시에 정해진 곳에서 출발하여 이곳에 가장 먼저 도착하는 열두 동물을 뽑아 일 년씩 차례로 나를 도와 인간 세상을 이롭게 하고자 한다.”

드디어 옥황상제가 정한 날이 다가오자 모든 동물이 출발 준비를 했습니다. 정해진 날이 시작되자마자 가장 먼저 출발한 것은 소였습니다. 소는 옥황상제가 정한 날이 되는 순간 출발하여 우직하게 걸어서 가장 먼저 도착 지점을 눈앞에 두었지요. 소가 막 결승선을 넘으려는 순간 소의 등에 무임승차했던 쥐가 폴짝 뛰어 소보다 먼저 결승선을 통과했습니다. 그래서 열두 동물 중에서 가장 첫 번째 동물로 쥐가 선정되었고, 소는 그다음이 되었지요.

쥐를 시작으로 돼지까지 차례로 열두 동물이 모두 도착하자 옥황상제는 그 동물들이 돌아가며 한 해씩 인간에게 이로움을 전하도록 했습니다. 고양이가 열세 번째로 도착했는데 자신은 날짜를 잘못 알았기 때문에 늦었다며 억울하다고 옥황상제에게 떼를 썼습니다. 그래서 옥황상제는 만약 이미 정해진 열두 동물 중에서 일을 제대로 못하는 동물이 있으면 그 대신 고양이에게 맡기기로 했지요. 그래서 지금도 고양이는 열두 동물이 일을 제대로 하고 있는지 늘 살펴보고 있다고 합니다.

이런 전설이 있는 열두 동물인 자(子, 쥐), 축(丑, 소), 인(寅, 호랑이), 묘(卯, 토끼), 진(辰, 용), 사(巳, 뱀), 오(午, 말), 미(未, 양), 신(申, 원숭이), 유(酉, 닭), 술(戌, 개), 해(亥, 돼지)를 땅에 사는 인간을 이롭게 한다고 하여 지지(地支)라 합니다. 또 하늘의 운행을 나타내는 열 개의 갑(甲), 을(乙), 병(丙), 정(丁), 무(戊), 기(己), 경(庚), 신(辛), 임(壬), 계(癸)를 천간(天干)이라고 하고요.

열 개의 천간의 첫 글자인 '갑'과 열두 개의 지지의 첫 글자인 '자'를 시작으로 차례대로 진행하여 60개가 조합된 것을 '60갑자(甲子)' 또는 '육갑(六甲)'이라고 합니다. 우리가 흔히 환갑(還甲) 또는 회갑(回甲)이라고 하는 만으로 60번째 생일은 이런 의미에서 처음으로 돌아온 것이므로 1갑자라고도 합니다. 이것을 수학적으로 살펴보면 천간은 10진법으로, 지지는 12진법으로 생각할 수 있고, 60갑자는 60진법으로 생각할 수 있습니다. 즉, 10개의 천간과 12개의 지지가 60을 이루는 것은 10과 12의 최소공배수가 60이기 때문입니다.

동양사상에서 천간과 지지보다 중요한 것은 '음양오행(陰陽五行)'입니다. '음양'은 말 그대로 '음'과 '양'이고, '오행' 중에서 '오'는 목(木), 화(火), 토(土), 금(金), 수(水)이고, '행'은 이 다섯 가지가 쉬지 않고 움직여 삼라만상과 인생 여정에서 길흉화복을 변하게 한다는 의미이지요.

이를테면 나무(木)는 불(火)을 살리고 타고난 재는 흙(土)이 됩니다. 흙은 오랫동안 눌리고 다져져서 돌이 되고 다시 쇠(金)가 되고, 돌이나 쇠가 있으면 차가운 기운이 생기는데 이 기운으로 이슬과 같은 물(水)이 생깁니다. 다시 물은 나무(木)를 살리므로 오행은 마치 바퀴가 도는 듯 서로 맞물려 시작도 끝도 없이 서로에게 도움을 주며 계속해서 움직이는 것이지요.

음양에서 양은 —, 음은 - -으로 하여 사방(四方)과 8괘(卦)를 정했는데, 8괘는 건(乾, ☰), 태(兌, ☱), 이(離, ☲), 진(震, ☳), 손(巽, ☴), 감(坎, ☵), 간(艮, ☶), 곤(坤, ☷)입니다. 특히 8괘는 —을 1로, - -을 0으로 표현하여 이진법으로 바꿀 수 있습니다. 건(☰)은 $1\times2^2+1\times2+1=7$이고, 태(☱)는 $1\times2^2+1\times2+0=6$이며, 이(☲)는 $1\times2^2+0\times2+1=5$입니다. 이렇게 계산하면 진, 손, 감, 간, 곤은 차례대로 4, 3, 2, 1, 0입니다.

음양에서 탄생한 8괘를 두 개씩 짝지으면 64괘가 되고, 64괘를 두 개씩 짝지으면 $64\times64=4{,}096$괘가 되며, 이것을 다시 두 개씩 짝지으면 $4{,}096\times4{,}096=16{,}777{,}216$개의 괘가 됩니다. 여기에 음양오행과 천간, 지지가 상호작용하여 이들 사이의 오묘한 조화를 수리로 푼 것이 바로, '사주팔자(四柱八字)'입니다.

사주팔자에서 '네 기둥'을 말하는 사주는 사람이 태어난 년(年), 월(月), 일(日), 시(時)의 천간과 지지가 결합입니다. 그런데 '네 기둥'에 천간과 지지가 각각 하나씩 있으므로 모두 8개로 구성되고, 이것이 바로 '팔자'이지요. 예를 들어 음력으로 2023년 1월 5일 오전 10시에 태어난 사람의 사주는 '계묘년, 경진월, 갑신일, 정사시'이고, 8자는 '계, 묘, 경, 진, 갑, 신, 정, 사' 입니다. 이와 같은 사주팔자가 음양오행과 결합하여 그 사람이 일생을 점칠 수 있는 기본이 되는 것입니다. 여기에 한 가지 더 첨가하자면 각각의 천간과 지지에 해당하는 색깔이 정해져 있습니다. 천간, 지지, 음양, 오행, 색깔을 한꺼번에 나타내면 다음 그림과 같습니다.

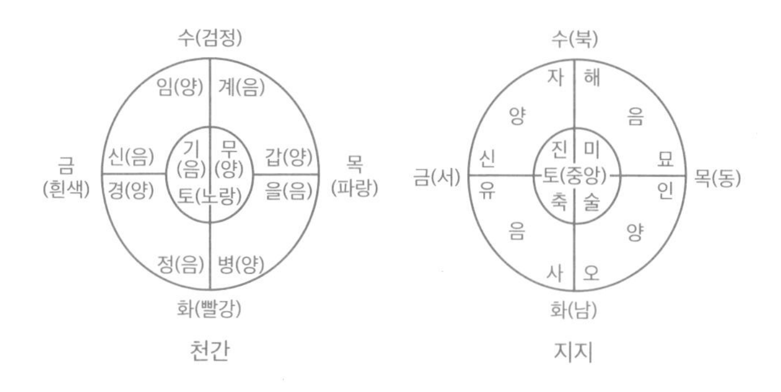

예를 들어 '계묘, 경진, 갑신, 정사'에서 계는 음수로 땅속의 물이나 약수, 농작물을 자라게 하는 고마운 비, 작은 연못 등을 의미합니다. 묘는 양목으로 토끼를 의미하고요. 토끼는 부지런하며 다산을 의미하고, 온순하며 약삭빠른 성질을 갖고 있습니다. 묘와 같이 각 동물은 나름대로 특색이 있는데, 이런 특색이 그대로 인간에게 적용됩니다.

특히 동물 중에는 서로 잘 어울리는 동물도 있고 그렇지 않은 동물도 있는데 이들을 소위 '삼합(三合)'과 '원진(元嗔)'이라고 합니다. 이를테면 지지에서 호랑이(인), 말(오), 개(술)가 삼합입니다. 두 동물이 원진인 데에는 각기 이유가 있는데, 이를테면 쥐는 양의 배설물을 싫어하기 때문에 쥐(자)와 양(미)가 원진입니다.

이와 같은 모든 요소의 작용으로 인간의 길흉화복이 결정되는 것이 동양의 운명론이고, 우리가 재미로 보는 사주팔자와 토정비결의 기초입니다. 그런데 여기에는 음양의 2진법, 삼합의 3진법, 오행의 5진법, 천간의 10진법, 지지의 12진법 그리고 이 모든 것이 어우러진 60진법이 바탕을 이루고 있습니다.

이처럼 우리 선조들은 한 가지 진법만으로도 복잡하고 어려운 수학에 다양한 진법을 도입해 세상의 이치를 이해하려 했던 뛰어남이 있었지요. 그리고 우리는 그런 뛰어난 분들의 후손이니 자부심을 충분히 가져도 됩니다.

15

문제 속 숨은 공통점 찾기

배열

인류의 문명이 다양하게 발전하는 과정에서 수학도 다양성이 더해졌습니다. 그래서 고대수학은 대수와 기하로 나뉘지만 현대수학은 대수, 해석, 기하, 확률 등 다양하게 나누어집니다. 크게 나뉜 분야를 다시 작은 분야로 나누고, 나누어진 작은 분야가 또다시 더 작은 분야로 나누어집니다. 그러기를 반복하여 현대 수학은 분류할 수 없을 만큼 많은 분야로 나누어졌고 서로 얽혀서, 해마다 수학 이론만도 수십만 개가 새로 발견됩니다.

다양한 분야 중에서 이산수학은 이산적인 대상과 이산적인 방법을 사용하는 수학으로 조합론이 대종을 이룹니다. 옛날에는 이산수학이 게임 등에 숨어 있는 수학으로서 흥미나 즐거움을 위한 정도에 그쳤지만 20세기 후반 이후로 순수수학, 응용수학에서 대단히 중요한 위치를 차지하고 있습니다. 이산수학의 가장 중요한 부분은 앞에서 말했듯이 조합론이며, 조합론의 주된 관심사는 '특정한 패턴의 배열이 존재하는가?' 하는 배열의 존재성, '존재한다면 몇 개나 존재하는가?' 하는 배열의 개수, '어떤 배열이 최적의 배열인가?' 하는 최적 배열 찾기, '배열의 구조는 어떤가?' 하는 배열의 구조 분석으로 나눌 수 있습니다. 아프리카의 특별한 놀이를 통하여 조합론을 이해하는 계기를 한번 가져보겠습니다.

남아프리카 앙골라의 초크위 지역은 가내수공업으로 만든 아름다운 그물 무늬 매트와 꽃병, 나무조각품 같은 장식품으로 유명합니다. 이런 장식품들은 대부분 모래를 이용하여 다양한 패턴과 그림을 그리는 소나(Sona)라는 전통놀이가 만든 모양을 본뜬 것입니다. 특히 초크위 지역에서 소나는 동물과 관련된 속담이나 옛날이야기가 곁들여져 스토리텔링의 소재로 사용되었던 놀이이자 게임이기도 했습니다. 그들에게 소나는 조상이나 영웅의 이야기를 다음 세대에 전달하는 살아있는 역사책이기도 합니다. 애석하게도 소나의 이런 전통은 사라졌고, 오늘날에는 모래가 아닌 종이 위에 점을 찍고 그림을 완성하는 놀이 정도로만 전해지고 있습니다.

소나는 모래 위에 같은 간격으로 몇 개의 점을 직사각형 모양으로 찍고, 적당한 위치에 손가락을 대고 전하고자 하는 이야기와 함께 점 사이에 선을 그으며 시작합니다. 전체적인 그림은 이야기의 종류에 따라 다르지만, 선을 그려 그림을 완성하는 규칙은 일정합니다. 우선 이야기에 맞게 그림을 그려야 하고, 그림을 그릴 때 가능한 한 최소의 선을 사용해야 합니다. 그래서 경우에 따라 단 하나의 선으로 매우 복잡하고 재미있는 그림이 완성되기도 하지요. 선을 그리면서 이야기하므로 이야기하는 사람이나 듣는 사람은 몇 개의 선을 사용하여 그림이 완성되는지 쉽게 알 수 있습니다.

직사각형 모양으로 점을 찍은 뒤 선을 그릴 때 점을 지나지 않아야 하는 소나를 완성하는 규칙은 좀 더 정확하게 다음과 같이 다섯 가지로 정리됩니다.

1. 시작은 찍힌 두 점 사이의 어느 곳에서도 가능하다.
2. 시작하기 위하여 처음 선택한 곳에서 점들 사이로 45도를 유지하며 직선을 그린다.
3. 직선을 그리며 점 배열의 끝에 도착하면 90도 회전하여 다시 직선을 그린다.

4. 이미 그려진 직선은 가로지를 수 있지만 한 번 지나간 직선을 두 번 그리지 않는다.
5. 선을 그려가다가 처음 그린 곳에서 만나게 되면 첫 번째 선 긋기를 끝내는데, 이때 이 선은 닫힌 선이 된다. 또 다른 선을 그리려면 위와 같은 과정을 반복하며 닫힌 선을 완성한다.

그러면 위의 규칙에 따라 소나를 완성해 볼까요? 먼저 다음 왼쪽 그림과 같이 12개의 점을 직사각형 모양으로 배열합니다. 시작은 오른쪽 그림과 같이 왼쪽 아래에서 시작하여 점들 사이로 45도를 유지하며 직선을 그려가다가 점의 배열이 끝나는 곳에서 90도 회전합니다. 점과 점 사이가 아닌 곳에서는 90도 회전해야 하지만 그림과 같이 둥글게 회전해도 됩니다.

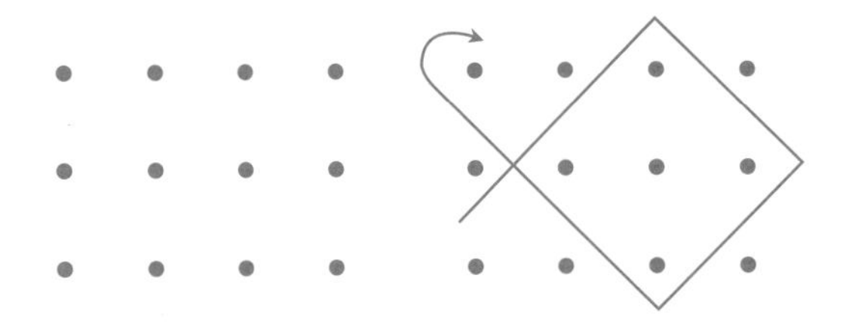

위의 소나를 완성하면 아래 왼쪽 그림과 같고, 완성된 소나에 꼬리와 다리 그리고 머리를 그려 넣으면 오른쪽 그림과 같은 양이 됩니다. 즉, 이 경우는 양을 소재로 이야기를 전개하며 소나를 완성하게 되지요. 이때 완성된 소나의 양은 시작과 끝이 한 곳에서 만나므로 닫힌 선 1개로 이루어집니다.

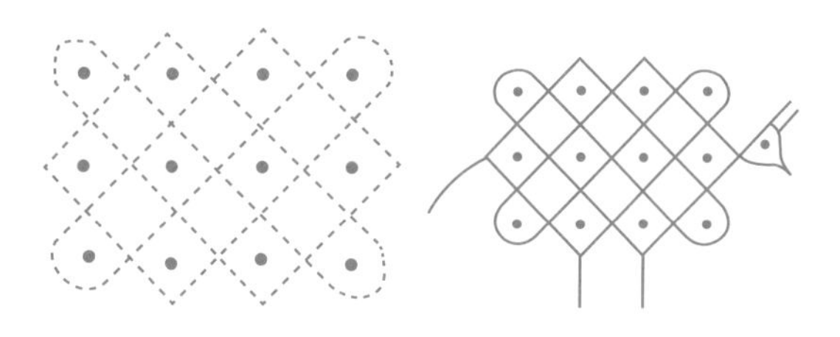

그런데 모든 소나가 1개의 닫힌 선으로 완성되지는 않습니다. 다음 그림은 3개의 닫힌 선으로 완성된 소나로 거북입니다.

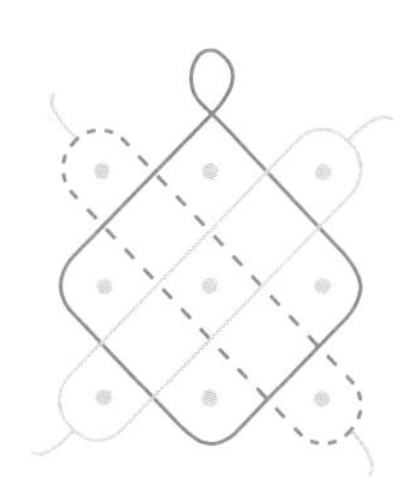

소나에 대한 대강의 방법과 규칙을 알았으므로 이제 수학적인 이야기를 해 보겠습니다. 여기서는 점을 직사각형 모양으로 적당히 배열했을 때 닫힌 선의 최소의 개수를 구하는 규칙을 알아보겠습니다.

소나를 놀이로 즐기는 앙골라, 가나, 통고 등에 사는 아프리카 사람들은 점의 배열을 보면 몇 개의 닫힌 선이 필요한지 바로 안다고 합니다. 이를테면 점이 4×6으로 배열되어 있으면 2개의 닫힌 선이 필요하고, 5×7로 배열되어 있으면 1개의 닫힌 선이면 충분하다는 것을 바로 인지한다고 하지요. 초크위 사람들은 어떻게 바닥에 찍혀 있는 점의 배열만을 보고 닫힌 선의 개수를 알 수 있을까요?

완성된 소나를 보면서 힌트를 얻기 위하여 먼저 다음 그림과 같이 점들을 두 행으로 배열할 경우를 생각해 보겠습니다. 즉, 2×2, 2×3, 2×4, 2×5, 2×6 등과 같이 점이 배열되어 있을 때 최소의 닫힌 선의 개수는 각 행에 짝수개의 점이 배열된 경우에 2개, 홀수개의 점이 배열된 경우에 1개면 충분합니다.

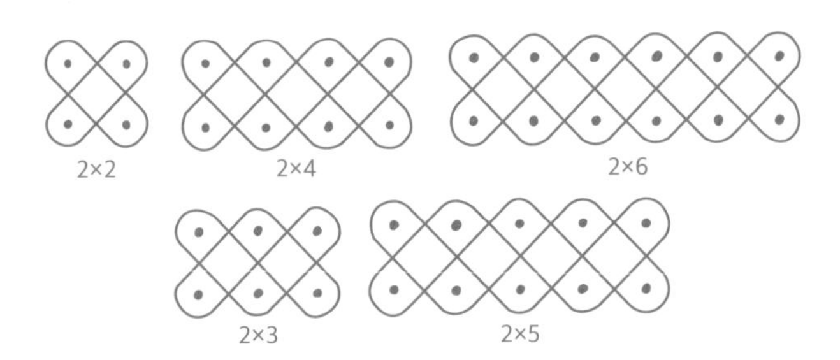

이번에는 세 개의 행으로 배열되었을 경우를 생각해 보면, 3×3과 3×6은 3개의 닫힌 선이 필요하고 3×4와 3×5는 1개의 닫힌 선이면 충분합니다.

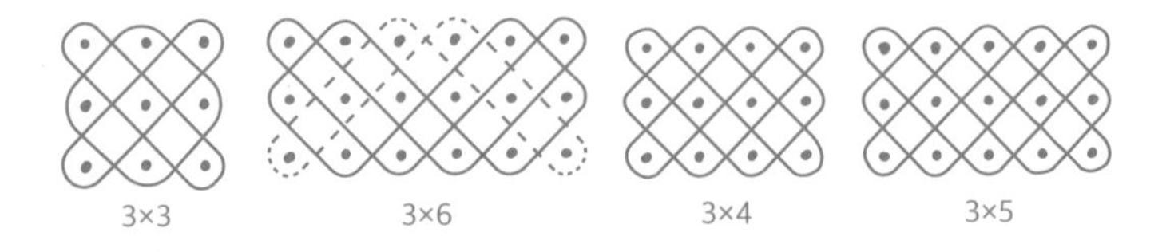

이번에는 다음 그림과 같이 네 개의 행으로 배열된 경우를 생각해 보겠습니다. 4×2는 2×4와 같고, 4×3은 3×4와 같으므로 각각 2개와 1개의 닫힌 선이면 충분합니다. 그래서 4×4, 4×5, 4×6의 경우만 살펴보면 되는데, 아래 그림에서 보듯이 4×4는 4개, 4×5는 1개, 4×6은 2개의 닫힌 선이면 충분합니다.

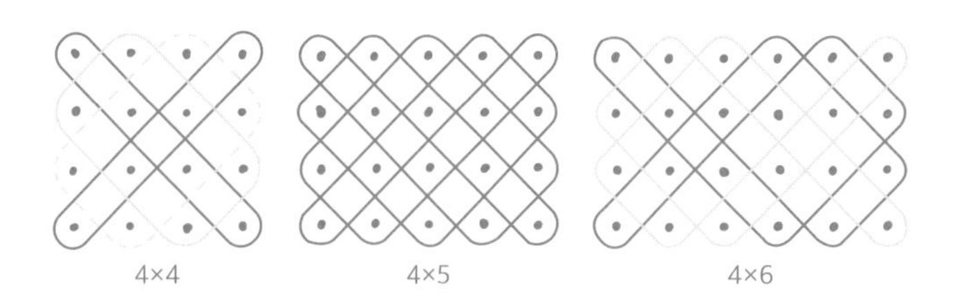

과연 이들 사이에는 어떤 공통점이 있을까요?

이 문제를 해결하기 위해 먼저 우리가 아는 것이 무엇인가를 확인해야 하므로 행의 수와 열의 수에 따른 닫힌 선의 수를 표로 정리할 수 있습니다.

뒤의 표로부터 각 배열에서 행과 열의 수가 같은 $n \times n$인 경우에는 닫힌 선의 개수가 n개임을 알 수 있습니다. 또 행의 수가 2인 경우에 닫힌 선의 수는 열의 수가 홀수이면 1개이고 짝수이면 2개임을 알 수 있습니다. 즉, 2와 서로소이면 닫힌 선은 1개이고 2와 서로소가 아니면 닫힌 선은 2개임을 알 수 있지요. 행의 수가 3인 경우에 닫힌 선의 수는 1개 또는 3개인데, 열의 수가 3과 서로소인 경우에 닫힌 선은 1개이고 3과 서로소

행의 수	열의 수	닫힌 선의 수
2	2	2
2	3	1
2	4	2
2	5	1
2	6	2
3	3	3
3	4	1
3	5	1
3	6	3
4	4	4
4	5	1
4	6	2

가 아닌 경우에 닫힌 선은 3개임을 알 수 있지요. 또 행의 수가 4인 경우에 닫힌 선의 수는 4, 1, 2인데, 앞에서와 마찬가지로 열의 수가 4와 서로소인 경우에 닫힌 선은 1개이고 4와 서로소가 아닌 경우에는 4개 또는 2개임을 알 수 있습니다. 과연 이들의 공통점은 무엇일까요?

여기에는 흥미로운 수학적 규칙이 있습니다. 행의 수와 열의 수가 서로소이면 닫힌 선은 1개이고, 2×2, 3×3, 4×4는 각각 2개, 3개, 4개입니다. 또 3×6은 3개, 4×6은 2개입니다. 이로부터 우리는 행의 수 m과 열의 수 n가 정해지면 닫힌 선의 수는 m과 n의 최대공약수가 됨을 알 수 있습니다. 이를테면 4×8이면 그려보지 않아도 닫힌 선은 4와 8의 최대공약수인 4개가 필요하고, 4×10이면 4와 10의 최대공약수인 2개가 필요함을 알 수 있지요.

이처럼 주어진 배열을 만드는 일은 일종의 게임과도 같지만 그 속에 숨은 규칙을 찾으려면 수학 머리가 필요합니다. 그리고 소나와 같은 게임 속에서 이런 수학을 찾아내고 배양시키는 분야가 바로 '조합론'이고, 단순한 게임에서 수학적 사실을 찾아낼 수 있다면, 진정 수학을 재미있게 공부하는 방법을 찾은 사람일 테지요.

16

반복이 무한하면 무엇이 될까?

프랙털

잎이 떨어진 나무를 멀리서 보면 큰 줄기에서 작은 나뭇가지들이 이리저리로 무질서하게 뻗어나가 있습니다. 또 가까이서 보면 줄기에서 큰 가지가 뻗어 있고 큰 가지에서 작은 가지가 뻗어 있으며, 작은 가지에서 그보다 더 작은 가지가 나와 있지요.

나무와 마찬가지로 고사리의 잎이나 브로콜리도 부분의 모양이 전체 모양과 매우 닮았습니다. 또 울퉁불퉁한 해안선, 구름, 우주의 모습 등도 무질서하게 보이지만, 이런 무질서한 모양도 잘 살펴보면 일정한 기하학적 구조로 되어 있지요. 즉, 나무의 어느 부분을 확대해도 전체 나무와 똑같은 모양이 나타나

자연 속에서 발견할 수 있는 프랙털의 모습

고, 해안선도 어느 부분을 확대하면 더 넓은 부분과 비슷한 모양을 지닙니다. 이처럼 자기 닮음 모양의 성질을 갖는 도형을 프랙털(Fractal)이라고 합니다. 프랙털은 '쪼개다'라는 뜻의 라틴어 '프랙투스(Fractus)'에서 따온 용어입니다.

프랙털에는 같은 패턴이 연속적으로 반복되는 기하학적 프랙털과 그렇지 않은 랜덤 프랙털 두 가지가 있습니다. 수학의 새로운 분야가 된 프랙털은 그 기묘하고 오밀조밀한 형상 자체가 지진이나 수목, 번갯불, 구름의 모양, 해안선과 같은 자연 현상을 나타내기에 '자연의 기하학'이라고 부르기도 합니다.

프랙털은 폴란드 태생의 프랑스 수학자 만델브로트(Benoit Mandelbrot)가 1975년 자신의 책 《자연의 프랙털 기하학》에서 처음 이름 붙였으며, 가장 좋은 예는 '코흐(Koch)의 눈송이 곡선'입니다. 코흐의 눈송이 곡선은 1906년에 스웨덴의 수학자 코흐가 구성한 곡선으로 유한의 넓이를 둘러싸는 무한대 길이를 갖는 곡선이지요. 코흐의 눈송이 곡선은 다음과 같이 정삼각형으로 만듭니다.

① 정삼각형을 그린다.

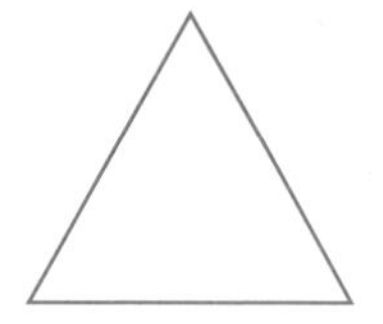

② 정삼각형의 각 변을 3등분하여 가운데 부분을 없앤다. 그리고 각 변의 없앤 부분 위에 그만큼의 길이를 한 변으로 하는 정삼각형을 만든다.

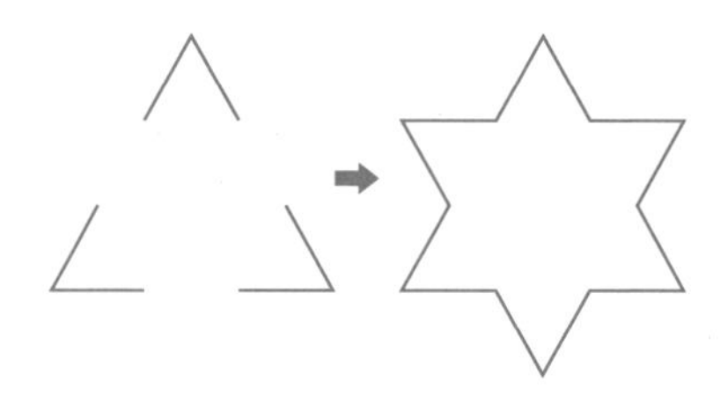

③ 앞에서 얻은 6개의 정삼각형 각각에 대하여 앞의 과정을 무한히 반복한다.

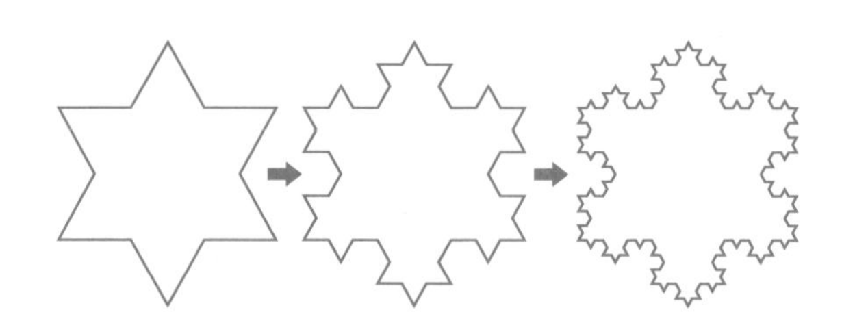

④ 앞의 과정에서 도형의 각 변은 무한개로 늘어나서 오른쪽 그림과

같이 둘레가 점점 복잡해지며 전체적으로 눈송이의 모양을 갖는다.

코흐 곡선을 얻는 것과 같은 방법으로 나무의 가지가 뻗은 모양이나 매우 복잡한 리아스식 해안선의 모습을 그릴 수 있습니다.

반복과 자기 닮음을 계속하여 원래의 모양에 붙이는 것도 프랙털이지만 제거하는 것 또한 프랙털입니다. 계속해서 제거해 얻어지는 프랙털 도형에 대하여 알아볼까요? 먼저 '칸토어 집합'과 '시어핀스키 삼각형'에 대하여 알아보겠습니다.

칸토어 집합은 다음 차례로 만들어집니다.

① 처음 구간은 $[0, 1]$에서 시작한다.
② $[0, 1]$ 구간을 3등분한 후, 가운데 개구간 $\left(\frac{1}{3}, \frac{2}{3}\right)$을 제외한다. 그러면 $\left[0, \frac{1}{3}\right] \cup \left[\frac{2}{3}, 1\right]$이 남는다.
③ ②에서와 같이 두 구간 $\left[0, \frac{1}{3}\right]$, $\left[\frac{2}{3}, 1\right]$의 각각 가운데 구간을 제외한다. 그러면 $\left[0, \frac{1}{9}\right] \cup \left[\frac{2}{9}, \frac{1}{3}\right] \cup \left[\frac{2}{3}, \frac{7}{9}\right] \cup \left[\frac{8}{9}, 1\right]$이 남는다.
④ 이와 같은 과정을 계속해서 반복하면 다음과 같은 칸토어 집합을 얻는다. 이 집합은 선분에서 시작하여 점점 제거된 후 점차 점과 같은 매우 작은 부분만 남는다.

시어핀스키 삼각형은 다음과 같은 차례로 만들어집니다.

① 정삼각형 하나를 그린다.

② 정삼각형의 세 변의 중점을 이으면 원래의 정삼각형 안에 작은 정삼각형이 만들어진다. 이때 가운데에 있는 작은 정삼각형 하나를 제거한다.

③ 남아 있는 3개의 작은 정삼각형 각각에 대하여 ②와 같은 과정을 시행한다.

④ ③과 같은 과정을 무한히 반복하면 다음과 같은 시어핀스키 삼각형을 얻는다. 정삼각형에서 시작한 이 도형은 점점 제거되고 마치 선만 남은 것처럼 된다.

이번에는 3차원 공간에서 만들어지는 프랙털인 '멩거 스펀지(Menger sponge)'를 만들어봅시다. 오스트리아의 수학자 멩거가

고안한 프랙털 도형인 멩거 스펀지는 다음과 같은 차례로 만들 수 있습니다.

① 정육면체 하나를 만든다.

② 정육면체를 모양과 크기가 같은 27개의 작은 정육면체로 나눈다.

③ 정육면체 중에서 중앙의 정육면체 한 개와 각 면의 중앙에 있는 정육면체 6개를 빼낸다.

④ 남은 정육면체 20개를 가지고 ②, ③의 과정을 반복한다.

⑤ 앞의 과정을 계속 반복하면 다음과 같은 멩거 스펀지를 만들 수 있다.

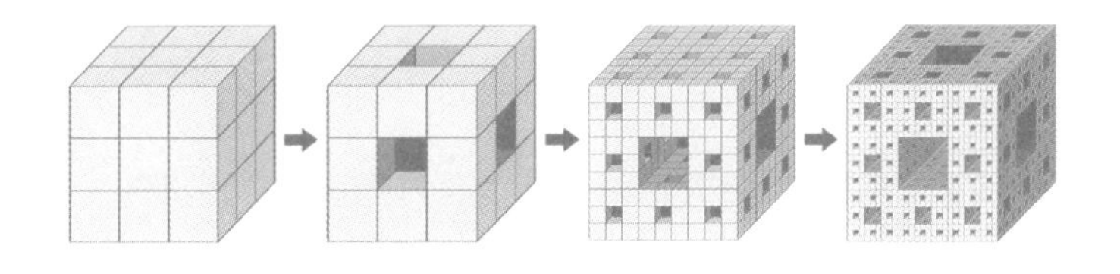

프랙털은 우리 뇌의 구조를 설명하거나 우주를 설명할 때도 이용됩니다. 프랙털 우주론에 따르면 매우 작은 입자 속에 우주적인 구조가 있습니다. 즉, 거대한 우주가 계속해서 작은 우주를 품고 있는 모양이지요.

동물을 구성하는 세포를 자세히 살펴보면 세포 속의 원자구조는 원자핵을 중심으로 전자가 궤도를 따라 돌고 있습니다.

마찬가지로 지구나 목성이 태양을 중심으로 태양계를 돌고 있습니다. 더 나아가 태양계는 우리은하의 일부이고, 우리은하도 은하의 중심에 대하여 공전하고 있습니다. 또 뇌 속의 신경세포 사이의 연결망의 모습, 버블 우주라 하는 수천억 개 은하계 사이의 연결망의 모습은 크기는 다르지만 모두 비누 거품 구조와 비슷합니다. 이처럼 크건 작건, 물질세계의 다양한 물체는 본질적으로 큰 세계가 계속해서 같은 구조의 작은 세계를 포함하고 있는 프랙털 구조입니다. 실제로 우주의 사진과 뇌의 신경세포의 연결 사진은 매우 흡사합니다.

프랙털이 처음 등장했을 때는 단순한 재미로 여겼으나 현재 프랙털은 다양한 분야에서 이용되고 있습니다. 특히 프랙털은 예술과 결합하여 지금까지 볼 수 없었던 다양하고 황홀한 모양을 만드는 프랙털 예술을 창조했습니다. 지금은 과학과 예술의 만남이라는 부제로 다양한 프랙털 작품이 창조되고 있지요.

• 피타고라스의 생각

수로 세상을 알아가는 법

수를 신성하게 여겼던 피타고라스 학파는 각기 다른 성질을 갖는 여러 종류의 수를 만들었다. 그중에 잘 알려진 친화수, 완전수 그리고 형상수(또는 도형수)가 있다. 그중에서 먼저 친화수(또는 우애수)에 대하여 알아보자.

피타고라스는 어느 날 제자로부터 "친구란 어떤 관계입니까?" 라는 질문을 받았는데, 피타고라스는 "친구란 또 다른 나이다. 마치 220과 284처럼"라고 대답했다.

그 이후 피타고라스 학파는 220과 284를 친화수라고 믿게 되었다. 피타고라스가 220과 284를 친구라고 했던 까닭은 220의 진약수 1, 2, 4, 5, 10, 11, 20, 22, 44, 55, 110을 모두 더하면 합이 284가 되고, 마찬가지로 284의 진약수 1, 2, 4, 71, 142를 모두 더하면 220이 되기 때문이었다. 이처럼 어떤 두 수가 친화수라는 것은 한 수의 진약수의 합이 다른 수와 같고, 그 반대의 경우도 동시에 성립할 때이다.

고대 그리스인은 친화수를 찾으려고 많이 노력했지만 220과 284 이외의 친화수는 발견하지 못했다. 그래서 피타고라스 학파뿐만 아니라 고대 수학자는 친화수를 신성하게 여겼고, 종교의식과 점성술 그리고 마법과 부적을 만드는 데 이용하기도 했다.

17세기 초반까지는 220과 284 이외의 다른 친화수의 쌍은 발견되지 않다가 드디어 1636년 프랑스의 수학자 페르마(Fermat)가 두 수 17,296과 18,416이 친화수라는 것을 밝혔다. 그리고 곧이어 1638년 프랑스의 또 다른 뛰어난 수학자인 데카르트(Descartes)가 세 번째 친화수 쌍인 9,363,584와 9,437,056을 찾았다. 그 후 1747년에 스위스의 수학자 오일러(Euler)는 30쌍의 친화수를 찾았고, 더 연구한 끝에 모두 60쌍의 친화수를 찾았다. 오늘날까지 약 400쌍의 친화수 쌍이 발견되었을 뿐이다. 흥미로운 것은 1866년 16살의 이탈리아 소년 니콜로 파가니니가 그동안 아무도 발견하지 못했던 작은 친화수의 쌍 1,184와 1,210을 발견했다는 것이다.

수의 신비로운 성질에 많은 관심을 가졌던 피타고라스 학파는 6의 진약수가 1, 2, 3이라는 것으로부터 1+2+3=6이라는 성질을 발견했다. 그래서 진약수의 합이 자신과 같아지는 6과 같은 수를 '완전수'라고 했다. 피타고라스 학파를 포함하여 고대 그리스인들은 이미 소개한 친화수와 더불어 완전수를 찾기 위하여 많이 노력했다. 그들은 완전수를 찾는 도중에 두 가지 다른 수가 있음을 알게 되었다. 예를 들어 15는 진약수가 1, 3, 5이고 1+3+5=9이다. 15와 같이 자신의 진약수의 합이 자신보다 작은 수를 '부족수'라고 한다. 또, 12의 진약수는 1, 2, 3, 4, 6이고, 1+2+3+4+6=16이다. 이처럼 진약수의 합이 자신보다 큰 수를 '과잉수'라고 한다.

최초의 완전수 6 이후에 찾아진 또 다른 완전수는 28인데, 어떤 이들은 두 완전수 6과 28을 최고의 건축가라고 했다. 왜냐하면 세상은 6일 만에 창조되었고, 달은 지구의 둘레를 28일에 한 바퀴씩 회전하기 때문이다. 특히 성 아우구스투스는 "신이 세상을 6일 동안 창조하신 이유는 6이 완전수이기 때문이다"라고 말했다. 이처럼 완전수를 찾는 일은 대단히 어려우며, 처음 네 개의 완전수는 6, 28, 496, 8,128이다.

$$6=1+2+3$$

$$28=1+2+4+7+14$$

$$496=1+2+4+8+16+31+62+124+248$$

$$8{,}128 = 1+2+4+8+16+32+64+127+254+508+1{,}016$$
$$+2{,}032+4{,}064$$

고대 그리스인들은 이들 네 개의 완전수밖에는 알지 못했는데, 유클리드는 $2^{n-1}(2^n-1)$에 적당한 수를 대입하면 완전수를 구할 수 있다는 것을 발견했다. 이를테면 이러하다.

$n=2$일 때 : $2^1(2^2-1)=2\times3=6$

$n=3$일 때 : $2^2(2^3-1)=4\times7=28$

$n=5$일 때 : $2^4(2^5-1)=16\times31=496$

$n=7$일 때 : $2^6(2^7-1)=64\times127=8{,}128$

위의 식을 살펴보면 완전수는 모두 짝수이고, n은 소수이면 2^n-1도 각각 3, 7, 31, 127로 소수이다. 하지만 n이 소수라고 해서 반드시 2^n-1이 소수가 되지는 않는다. 예를 들어 이면 $n=11$은 소수이지만 $2^{11}-1=2{,}047$이고 $2{,}047=23\times89$이므로 $2^{11}-1$은 소수가 아니다. 2^n-1이 소수일 때는 이를 '메르센 소수'라고 부르고 $M_n=2^n-1$로 나타낸다. 메르센은 17세기에 정수론과 완전수를 연구한 프랑스의 수도승이자 수학자였다. 현재까지 메르센 소수의 개수가 유한한지 무한한지 알려지지 않았고, 짝수인 완전수가 무한한지도 알려지지 않았고, 홀수인 완전수가 있는지도 알려지지 않았다.

완전수를 찾을 수 있는 공식은 중학교에서 배우는 지수의 성질로 떠올리면 된다. $2^{n-1}=\frac{2^n}{2}$ 이므로 다음과 같이 변형된다.

$$2^{n-1}(2^n-1)=\frac{2^n}{2}\times(2^n-1)=\frac{2^n(2^n-1)}{2}=\frac{M_n(M_n+1)}{2}$$

이 식은 고등학교에서 배운 1부터 k까지 자연수의 합을 구하는 공식 $1+2+3+\cdots+k=\frac{k(k+1)}{2}$과 같다. 즉, 모든 짝수인 완전수는 연속된 자연수의 합으로 표현할 수 있다.

$$6=1+2+3$$

$$28=1+2+3+4+5+6+7$$

$$496=1+2+3+4+5+6+7+8+9+\cdots+30+31$$

$$8{,}128=1+2+3+4+5+6+7+8+9+10+11+\cdots+126+127$$

피타고라스는 이 세상은 모두 수로 이루어져 있기 때문에 '만물의 근원은 수이다'라고 주장했으며, 그에게 수학은 인간이 반드시 공부해야 할 분야였다. 우리가 수학을 배운다고 피타고라스처럼 생각하지는 못하겠지만 적어도 슬기로운 일상생활을 할 수는 있다. 우리의 삶이 '슬기로운 수학 생활'이 되는 날까지 수학을 즐겨 보자.

4장

발명에 대한 생각, 발상을 전환하기

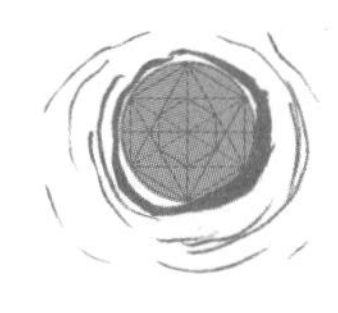

How To Think Like Mathematicians

17

짝을 이루는 생각의 발견

일대일대응

처음 수학을 시작했던 고대 원시인에게도 숫자가 있었을까요? 결론부터 말하자면 고대 원시인에게는 숫자 없는 '수학적 사고'만 있었습니다. 인류가 언제부터 수에 대하여 생각했는지 정확히 알 수는 없습니다. 동굴벽화나 여러 유물로 미루어 짐작할 수밖에 없지요. 과거 인류가 어떻게 수학적 사고만으로 수학을 했는지 잠깐 살펴보겠습니다.

'호랑이 하나', '사과 하나', '땅콩 하나'를 예를 들어 보면, 이들의 공통점은 바로 수 '1'입니다. 1은 인류가 처음 알게 된 수지만 우리가 지금 아는 의미와는 조금 다르게 생각되어졌지요. 호랑이 하나를 나타내는 수 1은 호랑이의 성질이 그대로 반영되어 '무서운 1'이라고 생각했습니다. 사과의 1은 '새콤달콤 1', 땅콩의 1은 '고소한 1'이라고 생각했습니다. 고대 인류는 수를 나타내려는 대상의 성질과 뗄 수 없는 일부분이라고 생각했지요. 아주 귀여운 발상이 아닐 수 없습니다.

아무튼 고대 인류에게 수 1을 사물에서 따로 떼어 생각한다는 것은 무척 어려운 일이었습니다. 그래서 호랑이 하나는 '한 마리', 사과 하나는 '한 개', 땅콩 하나는 '한 알'과 같이 그 수를 나타내는 말이 달랐지요. 대상에 상관없이 똑같이 1이라는 수로 나타낼 수 있다고 깨닫기까지 인류는 수천 년의 긴 시간 동안 끊임없이 노력했습니다.

이에 대하여 영국의 수학자이자 철학자 버트런드 러셀은 다음과 같이 말했지요.

"인류가 '닭 두 마리'의 2와 '이틀'의 2가 같다는 것을 이해하기까지는 수천 년의 시간이 필요했다."

수천 년이 지난 뒤에 드디어 수와 사물의 성질을 따로 떼어 생각할 수 있게 된 인류가 처음 이해한 수는 1과 2, 그리고 '많다'였습니다.

1은 기호 '|', '一', '/', '•' 등을 주로 사용하였습니다.

2는 처음에 '나 아닌 다른 사람', '이것 아니면 저것' 등과 같이

1과 대비됨으로 여겼기 때문에 남자와 여자, 선과 악, 삶과 죽음, 내 가족과 다른 가족 등으로 생각했습니다. 1의 기호와 마찬가지로 수 2를 표시할 때도 1을 나타낼 때 사용한 기호를 겹쳐놓았지요. 이로써 첫 번째 숫자가 탄생한 것입니다.

그러나 생활에서 숫자가 적극적으로 이용되지는 않았습니다. 숫자 없이도 큰 불편이 없었기 때문이지요. 원시인은 어떻게 숫자 없이 수를 셀 수 있었을까요?

원시인 A는 뒷동산에서 사과 여러 개를 따서 식량 창고에 저장했습니다. 어느 날 원시인 A는 가족과 함께 사과를 먹기로 했지요. A는 수를 모르는 어린 아들의 손에 돌멩이 5개를 쥐여주며 돌멩이만큼 사과를 가져오라고 했습니다. 아들은 손에 쥔 돌멩이의 개수를 몰랐지만 돌멩이와 사과를 하나씩 짝지어 정확하게 5개의 사과를 가져왔습니다.

수천 년 전에 살았던 원시인은 숫자가 없었지만 원시인 A의 어린 아들처럼 하나씩 짝짓는 원리를 이용하여 물건의 개수를 헤아리거나 간단한 셈을 할 수 있었습니다. 이때 작은 돌멩이나 '새김눈'을 주로 이용했습니다.

작은 돌멩이를 라틴어로 'calculātiō'라고 하는데 이 단어가 오늘날 '계산하다'라는 단어 'calculate'의 어원입니다. 이것으로 보아 돌멩이를 이용한 계산 방법이 이미 널리 사용되고 있었음을 알 수 있습니다.

눈금을 새긴 것으로 가장 유명한 유물은 1960년 아프리카 콩고의 비궁가 국립공원 안에 있는 이상고(Ishango)에서 발견된 '이상고 뼈'입니다. 이 뼈는 기원전 2만 년 또는 1만 8,000년 사이에 제작된 것으로 추정되며, 비비의 비골에 수를 기록한 것으로 다음 그림은 앞면과 뒷면입니다. 어떤 사람은 이 뼈가 계산을 위한 도구라고 주장하기도 하고, 어떤 사람은 달력이라고 주장하기도 하지요.

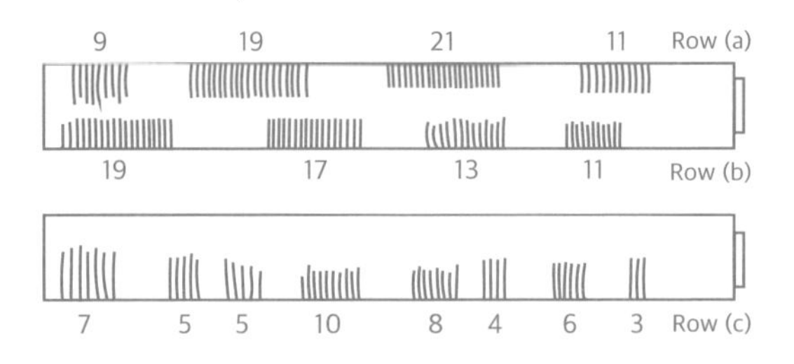

계산을 위한 도구였다는 이유는 새겨진 눈금을 보면 3과 6, 4와 8, 10과 5와 같이 배수 관계인 수들과 9, 19, 21, 11의 밑에 있는 19, 17, 13, 11 때문입니다. 9, 19, 21, 11은 각각 (10-1), (20-1), (20+1), (10+1)이고, 19, 17, 13, 11은 20 사이의 소수이지요. 또 세 줄에 있는 수를 합하면 각각 48, 60, 60으로 모두 12의 배수이므로 이 도구를 제작한 사람이 곱셈과 나눗셈을 이해하고 있었다고 추측할 수 있습니다. 달력인 이유는 눈금을 모두 합하면 60+48+60=168이고, 이것은 음력으로 6개월 동안의 일수와 같습니다.

이후로 많은 시간이 흘렀지만 인류가 처음 이해한 수는 1과 2이고, 그 이외의 수는 단순히 '많다'로 표현했습니다. 하지만 사물을 '많다'라고만 표현하면 두 사물의 양을 비교할 수 없지요. 그래서 인류는 일대일로 짝을 맞추기 시작했습니다. 이것이 인류 최초의 진정한 수학의 시작이라 할 수 있는 '일대일대응의 원리'입니다.

일대일대응의 원리는 매우 특별한 능력이 있습니다. 일대일대응의 원리를 우주 시대로 잠깐 옮겨와 상상해 볼까요?

문명이 고도로 발전한 시대가 되면 우리는 우주로 진출하겠지요. 그러기 위해서는 우주에 묵을 호텔이 필요할 테고, 우주에 건설된 '무한 호텔'을 가정해 봅시다. 무한 호텔이 얼마나 방이 많고, 엄청나게 클지는 독자의 상상에 맡기겠습니다.

어느 날, 무한 호텔에 무한 명의 손님이 왔고 지배인은 모든 손님에게 방을 하나씩 배정해 주었지요. 그런데 어떤 우주인이 뒤늦게 도착했습니다. 지배인은 이 우주인에게도 방을 배정해 주기 위하여 1호실 손님은 2호실로, 2호실 손님은 3호실로, 3호실 손님은 4호실로 옮기는 방법으로 모든 손님의 방을 현재 묵고 있는 방에서 바로 한 칸씩 이동하여 새로 배정했습니다. 그리고 빈 호실에 새로 온 우주인을 묵게 했지요.

조금 있다가 이번에는 세 쌍의 우주인 부부가 무한 호텔을 이용하기 위하여 방을 준비해 달라고 옵니다. 지배인은 이번에는 모든 손님에게 3칸 씩 이동해 달라고 부탁했습니다. 결국 1번 방에 있던 손님은 4번 방으로, 2번 방에 있던 손님은 5번 방으로, 3번 방에 있던 손님은 6번 방으로 옮기는 방법이지요. 그러면 맨 앞의 1번, 2번, 3번 방이 비고, 빈 3개의 방에 세 쌍의 부부를 배정해 주었습니다. 그런데 잠시 후 무한 명의 우주

인이 이 호텔을 이용하려고 찾아왔습니다. 우주인은 각자 방을 하나씩 요구했습니다. 현명한 지배인은 현재 방에 투숙해 있는 모든 손님에게 자기가 묵고 있는 방 호수의 두 배가 되는 호수의 방으로 옮겨 달라고 부탁했습니다. 그랬더니 손님은 모두 짝수 호수의 방으로 가게 되었고, 새로 온 무한 명의 우주인은 홀수 호수의 방에 묵을 수 있게 되었습니다.

복잡한가요? 이제 간단히 수로 바꾸어 생각해 보겠습니다.

어떤 자연수 n이 있다면 그보다 1 큰 자연수 $n+1$ 이 항상 있으므로 자연수는 끝없이 계속됩니다. 즉, 자연수는 무한개이고, $2n-1$꼴의 홀수와 $2n$꼴의 짝수가 번갈아 나오고 다음과 같이 배열할 수 있으므로 자연수는 정확하게 반으로 나눌 수 있지요.

1　3　5　7　9　11　13　…　: 홀수

2　4　6　8　10　12　14　…　: 짝수

또 어떤 자연수가 홀수이면서 동시에 짝수가 될 수 없으므로 자연수 전체를 벤 다이어그램으로 나타내면 다음과 같습니다.

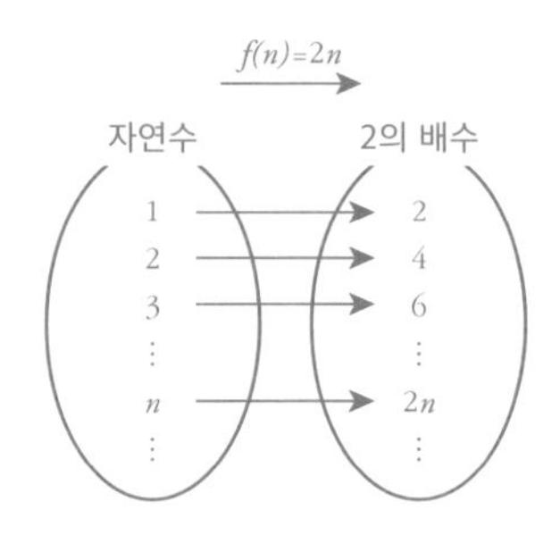

앞에서 각 자연수 n을 그것의 두 배인 $2n$으로 옮기라고 했으므로 이것을 함수로 나타내면 $f(n)=2n$과 같지요. 그리고 이 함수는 위의 오른쪽 그림과 같이 자연수 n에 대하여 꼭 하나의 짝수 $2n$이 짝지어지는 일대일대응이 됩니다.

이 함수는 자연수 각각의 원소와 짝수 각각을 빠짐없이 대응시킵니다. 따라서 자연수 전체의 집합은 자연수 전체의 절반인 짝수의 집합과 정확하게 같은 개수의 원소를 가짐을 알 수 있습니다. 사실 자연수 전체의 집합은 짝수 전체의 집합뿐만 아니라 $f(n)=2n-1$이라 하면 홀수 전체의 집합과도 일대일대응이 됩니다. 결국 자연수 전체와 그 반인 짝수의 집합(또는 홀수의 집합)이 같아진 셈이지요. 어딘가 이상하지만, 이에 대하여 더 알아보려면 어려워지므로 이쯤에서 그만하고 넘어가겠습니다.

일대일대응을 이용하여 수의 개념을 얻게 된 인류는 기본수를 정하여 일정한 묶음으로 수를 세는 진법을 개발하여 수학을 더욱 풍성하게 만들었습니다. 흥미로운 점은 시대, 지역, 민족마다 다른 진법을 사용했는데, 지금은 거의 모든 곳에서 10진법이 사용된다는 점입니다. 10진법을 사용한 이유는 우리 손가락이 10개이기 때문입니다. 10진법에는 일, 십, 백, 천, 만, 억, 조, 경 등과 같이 각 자리의 수를 부르는 명칭이 있습니다.

현재 가장 큰 명칭은 '구골(googol)'과 '구골플렉스(googolplex)'입니다. 구골은 1 다음에 0이 100개 붙는 수 10^{100}이고, 구골플렉스는 1 다음에 0을 구골 개수만큼 붙인 수 $10^{10^{100}}$입니다.

이 수의 이름은 1938년 미국의 수학자 에드워드 카스너(Edward Kasner)의 아홉 살짜리 조카가 지었는데, 조카는 구골을 '손이 아파서 더 이상 쓸 수 없을 정도인 수'라고 했지요. 카스너는 이를 자신의 책인 《수학과 상상》에서 소개했습니다.

사실 구골과 구골플렉스는 수학적으로 그리 중요하지는 않습니다. 카스너는 이 수를 매우 큰 수와 무한대의 차이를 보이기 위해 고안했는데, 이것은 '무한대와 구골의 차이는 무한대와 1의 차이와 같다'라는 천문학자 칼 세이건의 말에서도 잘 드러나지요. 1구골은 실제로 우주의 모든 원자의 수보다 많은 상당히 큰 수이며, 십진법으로 나타내면 다음과 같습니다.

10^{100} = 10000000000000000000000000000000000000000000000000000
0000000000000000000000000000000000000000000000000000000000000

재미있게도 전 세계적으로 유명한 인터넷 검색엔진 구글(Google)의 이름이 여기에서 비롯되었습니다. 구글은 '세상의 모든 것을 표현할 수 있다'라는 의미로 회사의 이름을 구골로 등록하려고 했으나 실수로 영어의 스펠링을 잘못 표기했다지요.

수학은 뛰어난 천재의 입김으로 그 영역을 점차 넓히며 발전해 왔습니다. 그래서 수학은 수학적 사고, 관찰력, 탐구 정신이 강한 학자와 만나서 만류인력의 발견에서부터 상대성 이론에 이르기까지 인류 역사에 막대한 영향을 끼쳤지요. 인류 역사를 이끈 사람을 지배하는 사고는 수학에 바탕을 두었다는 점에서, 수학은 매우 중요합니다.

처음에 수학은 생활에서 자연스럽게 나타났고, 지금도 꾸준히 발전하고 있습니다. 그 과정에서 수학적 사고의 발전을 끊임없이 추구합니다. 인간은 무엇을 어디까지 생각할 수 있을지는 모르기 때문에 수학의 미래도 예측할 수 없습니다. 분명한 사실은 아인슈타인의 상대성이론은 처음 발표했을 때 아무도 이해할 수 없었지만 지금은 상식이 되었듯, 현재 매우 어려워서 이해할 수 없는 높은 수준의 수학도 미래에는 상식이 되리라 생각합니다. 인류의 발전을 읽고 나아가려면 수학적 사고가 역시 필요해 보입니다.

위대한 숫자 0, '없음'의 발명

수

수학은 숫자도 없이 시작하여 0과 1만을 이용하는 컴퓨터의 발명까지 인류 문명의 발전을 끊임없이 견인해 왔습니다. 오늘날 수학은 더욱 중요한 위치를 차지하고 있어서 학자들은 미래는 '수학 전쟁의 시대'라고 할 정도이지요. 실제로 제4차 산업혁명을 주도하고 있는 빅데이터, 블록체인, 인공지능 등은 모두 수학 이론을 기반으로 개발되었습니다.

수학은 우리에게 시간의 표시법, 지도 제작법, 항해술, 예술 화법, 건축, 텔레비전, 스마트폰, 비행기, 그리고 현대 과학기술의 총아인 컴퓨터를 가져다 주었고, 현재의 세계 인구를 먹여 살릴 식량 생산도 가능하게 했습니다. 물론 수학 혼자 다 했다는 말은 아니지만 모든 분야에서 핵심적인 역할을 했다는 점은 누구도 부인할 수 없는 사실이지요.

인류가 개발한 가장 쉬운 진법은 2개를 한 묶음으로 하며 0과 1만으로 수를 표현하는 2진법입니다. 특히 동양에서는 모든 사물의 특성을 빛(陽)과 어둠(陰)으로 나누는 음양사상을 발전시켰는데, 독일의 수학자 고트프리트 라이프니츠(Gottfried W. Leibniz)는 이를 2진법으로 바꾸어 서양에 처음 소개했습니다. 오늘날 이진법은 컴퓨터를 구동시키는 기초 원리로 사용되고 있지요.

고대 인류는 처음에는 둘까지만 셌고 그보다 많은 개수는 단순히 '많다'라고 했습니다. 아프리카의 피그미족은 1, 2, 3, 4, 5를 말할 때, '아, 오아, 우아, 오아 오아, 오아 오아 아'라고 했습니다. 오스트레일리아와 뉴기니아 사이에 사는 파푸아 원주민은 1, 2, 3, 4, 5를 말할 때, '우라펀, 오코사, 오코사 우라펀, 오코사 오코사, 오코사 오코사 우라펀'과 같이 수를 셌습니다.

하지만 대부분은 손가락이 다섯 개인 것과 연관되어 수를 읽었습니다. 우리가 수를 읽는 방법인 '하나, 둘, 셋, 넷, 다섯'만 하더라도 하나는 '해', 둘은 '달', 셋은 년(年)을 나타내는 '세(歲)'에서 비롯되었고, 다섯은 손가락을 접어 수를 셀 때 손가락이 모두 접혀 '손이 닫혔다'에서, 열은 다시 '손가락이 열렸다'에서 비롯되었지요.

고대 인류는 수를 적기도 하고 소리 내어 읽기도 했으나 수에 대하여 모두 알지는 못했습니다. 고대 인류는 아주 오래전부터 눈에 보이는 것을 세거나 표시하는 방법으로 수를 사용했기 때문에 이 세상에 존재하지 않는 것을 표시할 필요가 없었습니다. 그런데 문명과 사회가 발전할수록 아무것도 없는 상태를 표현해야 할 일이 많아졌지요. 즉 아무것도 없는 상태인 '없음(무, 無)'를 수로 표현해야 했습니다.

처음 '없음'이 발견된 곳은 1800년 전 인도라고 알려져 있습니다. 물론 그 이전에도 여러 지역에서 다른 수를 정확한 위치에 표시하기 위해 일종의 구분자 역할을 하는 기호가 필요함을 알고 있었지만 '0'이 구분자 역할 외에도 더 많은 의미를 가지는 사실을 인도인이 가장 먼저 알아냈고, 0이 실제 수라는 사실을 밝혔습니다.

'없음' 또는 '공백'은 산스크리트어로 '슈냐(shûnya)'라고 하며 슈냐는 '부재'를 의미합니다. 초창기부터 슈냐라는 단어는 공백, 하늘, 공기, 공간의 의미를 내포하고 있었습니다. 그래서 일 단위, 십 단위, 백 단위 등과 같은 수의 요소 중 하나로 부재라는 수학적 개념을 표현하기 위해 인도의 학자들은 슈냐라는 단어가 수학적 관점에서뿐만 아니라 철학적 관점에서도 매우 적절하다고 생각했습니다. 이것이 바로 오늘날 우리가 0이라고 부르는 숫자입니다. 그리고 인도에서 0을 표현했던 네 가지 모양과 명칭이 있었습니다.

첫 번째, 문자 그대로 '빈 공간'을 뜻하는 '슈냐카'가 있습니다. 연산을 가능하게 하는 0의 이름이었던 슈냐카는 수 표현 방법에서 각각의 단위에 부재를 나타내기 위해 빈칸으로 나타냈습니다. 즉, '102'는 1과 2 사이에 슈냐카가 하나 있는 것으로 '백이'를 나타냅니다.

두 번째, 0의 표현에는 문자 그대로 '빈 원'을 나타내는 '슈냐-샤크라'가 있습니다. 이 명칭은 인도와 남아시아 전역에서 지금도 사용되고 있다고 합니다.

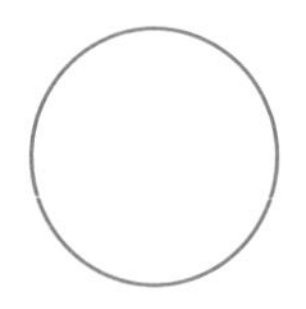

세 번째 0의 표현은 '슈냐-빈두'입니다. 이것은 '영-점'을 의미하며 카시미르의 여러 지역에서 사용되었다고 합니다. 순전히 기하학적이고 수학적인 양상을 넘어 이 슈냐-빈두는 힌두인들에게 있어서는 창조적 에너지를 공급하며, 모든 것을 잉태하게 할 수 있는 원점으로 여겨졌다고 합니다.

네 번째 0의 표현은 '슈냐-삼캬'로 '빈-수'를 의미합니다. 0이라는 개념의 발달은 '부재의 정의'라는 단순한 기호를 넘어 무량(無量)을 의미하는 완전한 수로 이어졌습니다. 무량을 나타내는 것이 바로 슈냐-삼캬입니다.

앞에서 알아본 것처럼 0을 나타내는 네 가지 명칭 모두에 '슈냐'가 있기 때문에 보통은 0을 슈냐라고도 합니다.

지금은 너무나 당연한 이야기이지만, 인도의 수학자 브라마굽타가 처음으로 0을 '같은 두 수를 뺄셈하면 얻어지는 수'라고 정의했습니다. 당시에는 인도가 아닌 지역에서는 받아들여지지 않았지요. 예를 들어 빵 두 개가 있을 때 빵을 모두 먹으면 아무것도 남지 않기 때문에 아무것도 없는 것을 어떤 표시나 기호로 나타내는 일은 상상할 수 없었습니다. 사실 수학은 자연현상이나 사회현상에서 객관적인 사실을 모아 정리하므로 '발견은 있지만 발명은 없다'고 합니다. 하지만 수학에서 0은 '수학에서의 발명'이라고 하지요. 눈에 보이지 않는 아무것도 없는 상태를 눈에 보이게 나타낸 획기적인 사건이었습니다.

0의 발명은 수학을 오늘날과 같이 만들어 놓은 시작이었습니다. 0은 단순히 없음을 넘어 이쪽과 저쪽을 나누는 '구분자' 역할을 하기에 이르렀고, 어떤 기준을 제시하는 표현으로도 사용되었습니다. 0보다 1이 크면 1, 1보다 1이 크면 2, 2보다 1이 크면 3처럼 아무것도 없는 0에서 시작하여 1씩 커질 때마다 수는 점점 커집니다. 그렇다면 생각을 바꿔 1씩 작아진다면 어떻게 될까요? 3보다 1이 작으면 2, 2보다 1이 작으면 1, 1보다 1이 작으면 0임은 분명한데, 0보다 1이 작으면 어떻게 될까요?

아무것도 없는 상태를 수 0으로 표현한 인류는 이 문제도 간단히 해결되지요. 바로 마이너스(-)를 사용합니다. 0을 기준으로 하여 0보다 수가 크면 +, 작으면 -를 붙입니다. 결국 0은 수를 '양수'와 '음수'로 구분하는 경계가 됩니다. 그런데 음수는 17세기까지 수학에서 수로 인정받지 못했습니다.

유명한 철학자이자 수학자였던 파스칼조차도 아무것도 없는 상태보다 작은 수는 있을 수 없다며 음수를 인정하지 않았지요. 심지어 독일의 과학자인 패런하이트(Fahrenheit)는 음수를 사용하지 않는 화씨(℉) 온도계를 만들었습니다. 지금 우리가 주로 사용하는 온도계는 섭씨(℃)로 온도를 측정합니다. 물이 어는 온도부터 끓는 온도까지를 100개의 구간으로 나눈 온도계이지요. 이렇게 하면 물이 어는 지점보다 더 낮은 온도는 음수로 표현해야 합니다. 하지만 화씨는 아무리 기온이 내려가도 온도계가 0 아래로 내려가지 않게 고안되었습니다.

이처럼 0이 세상에 등장하기까지 오랜 시간이 필요했지만

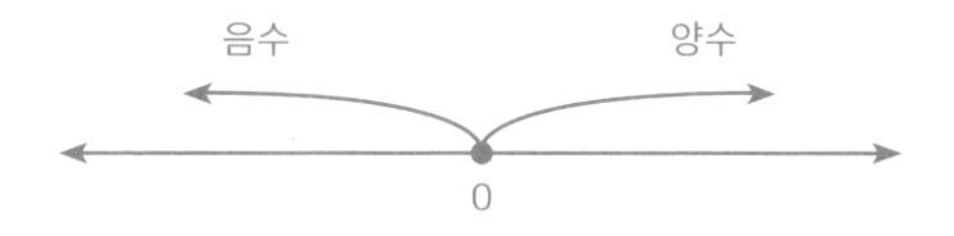

음수를 수로 인정하기까지도 오랜 세월이 필요했습니다. 하지만 수학자들이 누구인가요? 이 세상에 존재하지 않는 것도 존재하게 만들고, 눈에 보이지 않는 것도 상상할 수 있게 만들며, 보이는 것도 보이지 않게 만들 수 있는 사람들이지요. 그들은 수에 기하학을 가미하여 0을 기준으로 하는 위와 같은 수직선을 고안했습니다.

여기서 더 나아가 데카르트는 수직선 두 개를 수직으로 겹쳐서 좌표평면을 도입하였고, 좌표평면을 이용하여 당시로서는 전혀 새로운 종류의 수학인 해석기하학을 출현시켰습니다. 해석기하학을 간단히 설명하면 단순히 그림으로만 그릴 수 있었던 원을 $x^2+y^2=r^2$과 같이 수식으로 나타내고 원의 성질을 이차방정식을 풀어서 알아내었지요.

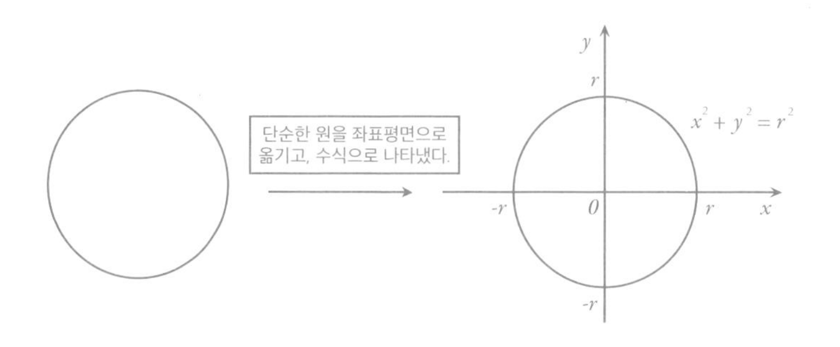

수학에서 0은 원을 상징하기도 합니다. 또 원이 태양을 상징하면 남성적인 힘을 뜻하지만, 영혼이나 마음으로서 또는 대지를 둘러싸고 있는 바다를 상징한다면 어머니와 같은 여성적인 부드러움을 뜻합니다.

중심이 있는 원은 완전한 주기, 둥근 고리의 완전함, 존재하는 모든 가능성의 해결을 뜻하지요. 특히 중심이 찍혀 있는 원은 태양을 상징하고, 이런 맥락에서 중심에 축이 있는 바퀴는 태양과 같습니다. 실제로 태양 숭배는 가장 오래되고 광범위한 형태의 우상 숭배 가운데 하나로 고대 문명을 주도했던 모든 민족에게서 발견됩니다. 그리고 태양과 바퀴는 모두 원형이기 때문에 인류는 원에 대하여 특별한 의미를 부여할 수 있었지요. 그래서 태양과 바퀴, 숫자 0은 인간의 사유와 삶에 의미 있는 영향을 끼친 세 개의 원입니다.

이제 0은 단순히 없음만을 나타내는 숫자가 아닙니다. 0은 음수가 끝나는 지점에 있으며 동시에 양수가 시작되는 지점에 위치하므로 0은 끝남과 동시에 시작이지요. 사실 0의 모양 자체도 어디가 시작이고 어디가 끝인지 알 수 없습니다. 즉, 0을 그릴 때, 시작이 끝이고 끝이 곧 시작이므로 어디에서 그리기 시작해도 됩니다. 또 0은 크고 작음, 많고 적음, 길고 짧음을 비교하는 기준입니다.

지금 생각하면 당연한 0이야말로 매우 단순하지만 문명을 일으키고 발전시킨 인류의 위대한 발명입니다. 그리고 그것을 수학자가 오직 생각만으로 이뤄냈지요. 수학자의 생각은 이 세상에 존재하지도 않았고, 눈에 보이지 않으며, 이용할 수도 없던 어떤 대상을 눈에 보이게끔 만듭니다. 그로 인하여 엄청난 문명의 발전을 이끌고 있습니다.

19

곱하기를 나타내는 기발한 방법

곱셈

원시인은 숫자가 없는 상태에서 수학적 사고만으로 사칙연산을 했습니다. 숫자를 자유자재로 사용하고 있는 오늘날 우리로서는 상상하기 어렵지만, 지혜로운 원시인은 덧셈과 뺄셈은 단순히 돌멩이를 이쪽에서 저쪽으로 옮기면서 계산했지요.

곱셈은 어땠을까요? 몇 가지 방법이 있는데, 특히 고대 인도에서 사용했던 '선 긋기'라는 방법이 흥미롭습니다. 이 방법은 원래 고대 인도의 베다수학에서 유래되었습니다. 그래서 간단히 고대 인도의 역사를 정리해 보고, 베다수학의 하나였던 선 긋기로 곱셈을 해 보도록 하겠습니다.

인도 지역은 신석기 시대를 거치면서 문명 탄생의 기반을 다지고 기원전 3300년경 인더스 강에서 문명이 시작되었습니다. 인더스 문명은 기원전 약 3300년경부터 기원전 1300년경까지 인도에 등장한 고대문명으로, 기원전 1900년경까지 이어진 청동기 시대의 하라파 시기와 그 이후 철기 시대인 베다 시대로 구분되지요.

인더스 문명은 오늘날 남태평양의 섬 지역에 사는 폴리네시아 사람들의 선조인 드라비다인에 의하여 시작되었다고 합니다. 그들은 인더스 문명의 몰락과 함께 인도의 북부지역에서 쫓겨나 남부지역으로 밀려났습니다. 드라비다인을 남쪽으로 몰아낸 아리아인은 산스크리트어로 '귀족' 또는 '지주'라는 뜻입니다.

아리아인이 인도에 들어온 시기는 기원전 2000년경부터였고, 이들이 인더스 문명권에 들어온 시기는 기원전 1500년경이었습니다. 아리아인은 유목민으로써 점점 인구가 늘어나자 자연스럽게 인도로 이주했고, 생활 방식도 유목 생활에서 정착 생활로 바꾸며 점차 기존 주민이었던 드라비다인과 대립하게 되었지요. 아리아인은 몸집이 컸고 용감했을 뿐만 아니라 전차를 사용했습니다. 반면, 드라비다인은 체구도 왜소하고 평화로운 농경민족이었기 때문에 아리아인에 밀려 인더스 지역을 떠나 남쪽으로 이주하게 되었지요. 그래서 인도 역사의 주인공이 아리아인으로 바뀌게 되었습니다.

아리아인의 인도 침입과 그들의 생활은 아리아인의 문학작품이라고 할 수 있는 '베다'로 알 수 있습니다. 베다는 처음에는 입에서 입으로 구전되다가 오랜 시간이 지난 뒤에야 글로 남겨진 것으로 추측됩니다. 베다는 수학책은 아니지만, 신을 경배하기 위한 의식에 사용되는 신전이나 제단 등을 만드는 데 필요한 기하학적 내용을 많이 포함하고 있습니다.

베다에서 수학적으로 가장 중요한 것은 베다의 부록과도 같은 '베당가'입니다. 베당가는 음성학, 문법, 어원학, 시, 천문학, 제례 의식 등 모두 6가지를 다루고 있는데, 이 가운데 천문학과 제례 의식에서 당시의 수학에 대한 정보를 찾을 수 있습니다. 그리고 베당가 중에서 천문학을 다룬 부분을 '죠티수트라', 제례 의식을 다룬 부분을 '술바수트라'라고 부릅니다. 술바수트라는 '새끼의 규칙'이라는 뜻으로 이집트인이 피라미드를 건설할 때 이용했던 방법과 같은 새끼를 꼬아 제단을 건축할 수 있는 기하학적 방법을 구체적으로 설명하고 있지요. 또 술바수트라의 내용으로부터 아리아인은 피타고라스 정리도 알고 있음을 짐작할 수 있습니다.

베다를 포함한 인도의 자료들은 대부분 비문이나 필사본의 형태로 남아 있으며, 지금도 보존 상태가 비교적 양호하다고 합니다. 비석이나 금속판 그리고 필사할 때 사용한 고대 인도

문자는 크게 '카로스티'와 '브라미'로 나눌 수 있습니다.

카로스티 문자는 기원전 3세기부터 기원후 6세기까지 인도 북서부 지역에서 사용되었습니다. 이 문자는 7세기경 중국어식 표기에 따라 카로스티로 불리기 시작했으며, 오늘날 간단히 인도문자라고 합니다. 이 문자는 기원전 3세기 아소카 왕이 세운 비문에서 처음 확인되었지만, 지금까지 발견된 아소카왕의 다른 비문들은 모두 브라미 문자로 쓰여 있습니다. 그리고 이런 문자의 변천과 더불어 우리가 사용하고 있는 인도 숫자의 표기 형태도 이 문자와 유사한 변화를 겪었습니다. 또 이런 숫자의 발전과 함께 인도 지역에서 발전되어온 수학을 '베다 수학'이라고 합니다. 즉, 베다 수학의 기원은 고대 베다 경전에 바탕을 두었지요.

그런데 인도가 세계 문화의 중심에 있지 않았기 때문에 베다 수학은 잊혔습니다. 20세기에 들어서면서 인도에 관한 연구가 활발해지자 베다 수학은 신기한 방법과 빠른 계산법으로 주목 받았지요. 그리고 오늘날 베다 수학은 계산 능력이 향상되고 수학을 잘할 수 있게 만드는 신비의 비법으로 알려지게 되었습니다. 그래서 9단까지만 필요한 곱셈구구의 경우도 19단까지 외우는 등 베다 수학은 특히 우리나라에서도 선풍적인 인기를 끌고 있습니다. 그러나 베다 수학의 원리를 알면 다양한 계산법은 알 수 있지만, 그것이 수학 실력을 향상시키지 못한다는 사실을 알아야 합니다.

베다 수학에는 흥미로운 계산 방법이 많습니다. 예를 들어 456과 579를 더하는 경우에 두 수를 더하기 위해 다음 그림과 같이 우선 셈판의 아래쪽에 더하는 두 수를 차례대로 밑으로 씁니다. 초기 인도 셈법은 베다 수학의 원리에 따라 행해졌는데, 덧셈은 오늘날 우리가 실행하는 방식인 오른쪽에서 왼쪽으로 더하는 것이 아니라 왼쪽에서 오른쪽으로 더하는 것이었습니다.

백의 자리의 두 수 4와 5를 더하면 4+5=9이므로 9를 백의 자리인 4 위에 씁니다. 다음에 십의 자리의 두 수 5와 7을 더하면 5+7=12이므로 백의 자리 두 수를 더한 결과인 9는 10으로 바꾸고 십의 자리인 5 위에 2를 씁니다. 즉, 9는 지우고 102로 쓰지요. 마지막으로 일의 자리의 두 수 6과 9를 더하면 6+9=15이므로 십의 자리를 더하여 얻은 2를 지우고 3으로 바꾸어 답 1,035를 얻습니다.

```
1035
102̸
9̸
 456
 579
```

곱셈은 여러 가지 방법이 사용되었는데, 그 가운데 한 가지 방법을 569×5로 알아보겠습니다. 이 경우도 덧셈과 마찬가지로 왼쪽에서 오른쪽으로 계산합니다.

우선 셈판의 아래에 569를 쓰고 같은 줄 오른쪽에 곱하는 수 5를 씁니다. 먼저 백의 자리의 수 5와 5를 곱하면 5×5=25이므로 다음 그림에서 보듯이 569의 백의 자리 5 위에 25를 씁니다. 다음에 십의 자리의 수 6과 5를 곱하면 5×6=30이므로 먼저 얻은 수 25의 5에 3을 더하여 8을 씁니다. 그러면 569 위에 280이 써집니다. 마지막으로 일의 자리의 수 9와 5를 곱하면 5×9=45이므로 먼저 써놓은 280에서 마지막 자리의 0을 4로 바꾸면 일의 자리의 수는 5가 됩니다. 그래서 최종적으로 2,845가 셈판의 상단에 나타나지요.

```
2845
280̸
25̸
 569   5
```

135×12와 같은 좀 더 복잡한 곱셈은 12=4×3임을 이용하여 앞에서처럼 먼저 135×4=540을 구하고, 그 결과에 다시 3을 곱하여 540×3=1,620으로 계산했습니다. 또는 135×10=1,350에 135×2=270을 더하여 1,620을 얻기도 했지요.

베다 수학에는 이처럼 흥미로운 계산 방법이 많은데, 그중 하나는 숫자 없이도 곱셈을 할 수 있는 '선 긋기 곱셈법'입니다.

이 방법은 곱셈의 정확한 의미를 모두 포함하고 있지는 않지만 곱셈의 기본 원리는 충분히 설명합니다. 즉, 선 긋기 곱셈법은 숫자가 없어도 셈을 할 수 있게 하려는 수학자의 생각에서 비롯되었지요.

일명 '묶어서 세기'인 이 방법은 기하학적으로 설명할 수 있습니다. 이를테면 3×7은 3+3+3+3+3+3+3=21인데, 이것은 다음 그림과 같이 3개의 직선과 7개의 직선이 몇 개의 점에서 만나는 것인가를 묻는 것과 같습니다.

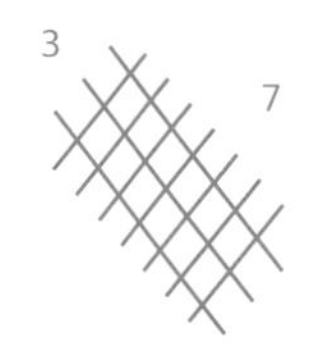

두 수의 곱을 직접 셈하지 않고 선을 그리기만 해도 간단하게 답이 나옵니다. 21×14로 알아볼까요? 먼저 다음 그림과 같이 21을 나타내기 위해 왼쪽 위에 2개, 오른쪽 아래에 1개의 사선을 긋습니다.

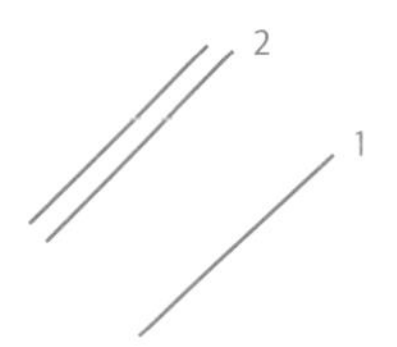

즉, 십의 자릿수만큼 왼쪽 위에 사선을 긋고 일의 자릿수만큼 오른쪽 아래에 사선을 긋는 것이지요. 이렇게 사선이 그려진

사각형에 14를 표시하기 위하여 아래 왼쪽 그림에서 보듯이 십의 자릿수 1만큼 왼쪽 아래에 사선을 긋고, 일의 자릿수 4만큼 오른쪽 위에 사선을 긋습니다. 이때 가장 왼쪽 2개의 점은 백의 자리, 가운데 9개의 점은 십의 자리, 오른쪽 4개의 점은 일의 자리를 나타내는 수입니다. 따라서 21×14=294입니다.

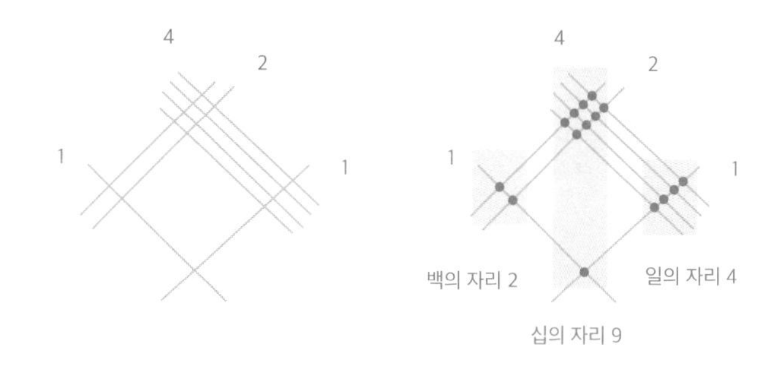

이와 같은 방법으로 24×23을 계산하려면 사선을 긋고 선과 선이 만나는 점의 개수를 셉니다. 백의 자리에는 4개, 십의 자리에는 14개, 일의 자리에는 12개의 점이 생기는데, 이때 점의 개수가 10을 넘으면 위의 자리로 올려서 계산합니다.

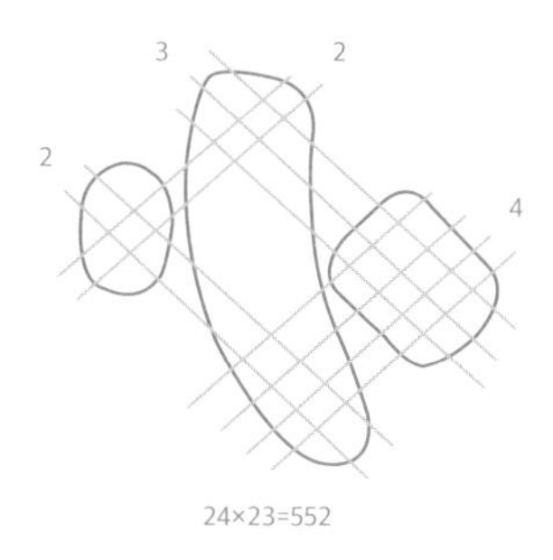

24×23=552

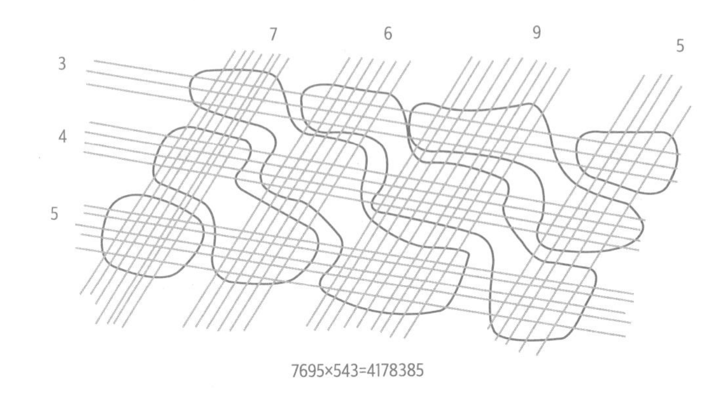

7695×543=4178385

선 긋기 계산법은 두 자릿수 곱셈만 가능한 것은 아니지만, 곱셈을 해야 하는 수가 크면 곱하는 수들의 각 자릿수의 수만큼 사선을 그려야 한다는 번거로움이 있습니다. 그래서 큰 수를 곱할 때 선 긋기는 매우 불편하고, 자칫 잘못하면 교차점을 빼고 셀 수 있어서 엉뚱한 계산 결과를 얻을 수 있지요. 이런 불편을 없애기 위하여 우리가 오늘날 사용하는 '가로셈' 또는 '세로셈'이 등장했지요. 따라서 베다 수학은 흥미롭지만 이용하기에는 불편한 점이 많습니다.

20

공평함을 위한 수학적 생각

분수

수학을 공부하면 문제를 해결하는 방법과 단순히 암기하는 머리가 아닌, 생각하고 이해하는 머리를 쓰는 훈련을 하게 됩니다. 즉, 우리는 수학으로 두뇌 훈련을 하지요. 학교에서도 두뇌 훈련 형식의 수학을 배우는데, 이때 수학은 학년이 올라갈수록 점점 숫자가 아닌 문자를 사용하는 수식으로 가득 차 있습니다. 수식을 이용하여 논리를 펴는 수학의 형식은 분야를 막론하고 사용되기 때문에 효과적으로 응용할 수 있습니다. 그래서 어느 분야든지 해결해야 할 문제를 수학적 사고력을 동원하여 수식으로 변형하면 곧바로 당면한 문제를 해결할 수 있지요.

이를테면 새로운 스마트폰을 개발하기 위해서 처음에는 스마트폰의 대강을 그림으로 그리지만, 마지막에는 수식으로 정리하지 않는다면 아름다움, 편리성, 견고함, 기능성 등을 확인할 수 없다는 말입니다. 건물을 세울 때도 처음에 건축가는 그림으로 설계도를 그리지만, 마지막에는 수식으로 정리하지 않으면 진짜 세울 수 있는지 어떤지 확인할 수 없습니다. 결국, 마지막에 만나는 분야는 수학이고, 수학으로 두뇌 훈련을 한다는 뜻은 수학적 사고 과정을 통하여 당면 문제를 해결한다는 것이지요.

스마트폰이나 건축처럼 오늘날 수학은 대부분 실생활의 마지막 부분에서 아무도 모르게 역할을 수행하고 있지만, 고대 수학은 실생활에 바로 쓰이며 역할을 다했습니다. 대표적인 예로 '분수의 등장'을 들 수 있습니다. 분수 자체만으로도 정말 많은 이야기를 할 수 있지만 여기서는 고대 이집트에서 분수가 이용되게 된 배경을 알아보려 합니다.

당시 분수는 매우 어려운 수학에 속했고, 소수점을 이용하여 작은 수를 나타내는 소수는 존재하지도 않았습니다. 그래서 상황을 어렵지 않게 만들려는 수학자의 생각이 필요했지요.

고대 이집트인의 주식은 빵과 맥주였기 때문에 물건을 사고파는 상거래에서 빵과 맥주는 오늘날 화폐와 같은 역할을 했습니다. 당시에 화폐가 없었기 때문에 빵이나 맥주의 양을 정확히 재서 서로 바꾸어야 했고, 이때 분수를 사용했지요. 고대 이집트의 유물인 파피루스에는 그들이 빵과 맥주를 나눈 내용이 기록되어 있습니다. 그들이 분수를 어떻게 사용했는지 알기 위해 먼저 그들이 사용했던 숫자를 간단히 살펴봅시다.

고대 이집트인은 10진법을 사용하였으며 수를 표현하는 다음과 같은 기호 즉 숫자를 가지고 있었습니다.

EGYPTIAN

1 2 3 4 5 6 7 8 9 10 100 1,000

1부터 9까지는 작은 막대기 모양이고 10은 팔꿈치, 100은 꼰 새끼, 1,000은 연꽃입니다. 물론 이보다 더 큰 숫자도 몇 개 더 사용했지만, 이 정도로도 그들의 분수를 알아보기에 충분합니다. 예를 들어 그들의 숫자를 이용하여 1,492를 표현하면 다음과 같습니다. 이 그림은 1,000이 하나, 100이 4개, 10이 9개 1이 2개이므로 1,492를 말합니다.

1000+400+90+2=1492

오늘날 우리는 분수를 어렵지 않게 다루지만, 당시 이집트 사람에게 분수의 계산은 매우 어려운 것이었지요. 그래서 그들은 생활에서 가장 빈번하게 접하는 빵을 나누는 방법으로 분수를 표현하고 계산했습니다. 둥근 빵 하나를 3명이 똑같이 나눌 때, 한 사람 몫인 $\frac{1}{3}$은 둥근 빵 모양 아래에 3을 나타내는 막대기 3개를 그어 로 나타냈습니다. $\frac{1}{4}$, $\frac{1}{5}$, $\frac{1}{6}$, … 역시 둥근 빵 모양 아래에 나누어 갖는 사람의 수를 그들의 숫자로 나타냈지요. 이를테면 빵 하나를 12명이 나눌 때 한 사람의 몫인 $\frac{1}{12}$는 이고, 빵을 둘로 나눌 때는 한 사람 몫인 $\frac{1}{2}$은 으로 그렸지요. 특이한 것은 고대 이집트인은 빵 한 개를 몇 명이 나눌지 고민했기 때문에 분자가 항상 1인 단위분수만 사용했다는 점입니다.

고대 이집트인들이 분수를 어떻게 사용했는지를 기록한 가장 오래된 책은《린드 파피루스》입니다.《린드 파피루스》는 기원전 약 1700년에 이집트 왕실의 서기였던 아메스라는 사람이 쓴 수학책이지요.

이 책의 1장에는 2를 3에서 101까지의 홀수로 나눈 값을 각각 분자가 1인 단위분수만으로 나타낸 표가 있습니다. 그런데 $\frac{2}{3}$만은 예외입니다. 사실 그들의 분수 표현에 따르면 $\frac{1}{2}$을 로 나타냈다고 짐작되지만 이것은 $\frac{2}{3}$를 나타내고, 앞에서 소개했듯 $\frac{1}{2}$은 ⊏입니다. 고대 이집트 사람들은 오늘날 초등학생들도 쉽게 셈할 수 있는 일반 분수 대신에 분자가 1인 단위분수만을 사용했습니다. 그러나 $\frac{2}{3}$만은 단위분수와 같은 친숙함을 느끼고 있었기 때문에 그대로 쓴 것이지요.

그럼, $\frac{2}{5}$나 $\frac{2}{7}$와 같은 분수를 단위분수로 나타내는 방법을 다음과 같이 그림으로 알아봅시다.

먼저, $\frac{2}{5}$는 빵 두 덩어리를 ①, ②, ③, ④, ⑤의 다섯 명에게 똑같이 나누어 주는 것으로 생각할 수 있습니다. 그러면 두 덩어리를 각각 3등분하여 다섯 명에게 한 조각씩 주고, 여섯 조각 중에서 남는 한 조각을 다시 5등분하여 각각 한 조각씩 주면 됩니다. 그런데 나중에 5등분하는 것은 처음에 3등분된 것을 다시 5등분하는 것이므로 결국 15등분이 되지요. 따라서 각각 한 사람에게 주는 빵은 처음에 나눈 $\frac{1}{3}$과 나중에 나눈 $\frac{1}{15}$이므로 그림과 같이 $\frac{2}{5}$는 $\frac{1}{3}$과 $\frac{1}{15}$의 합입니다.

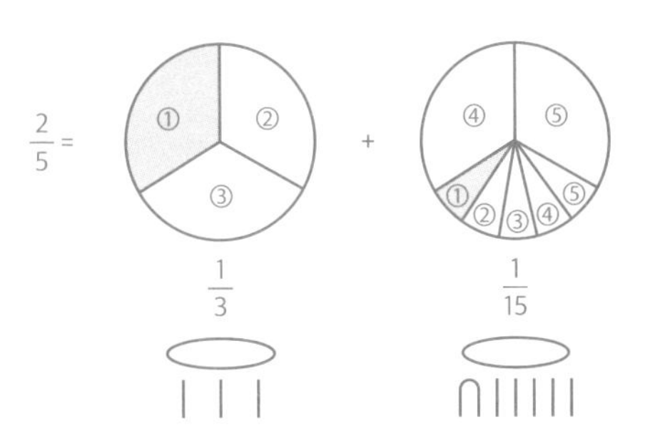

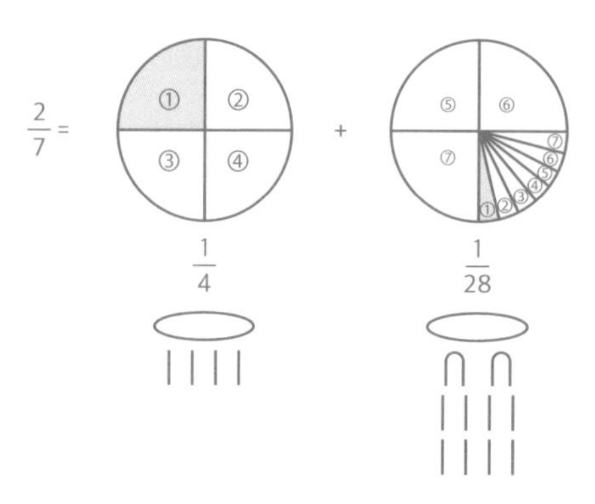

마찬가지로 $\frac{2}{7}$의 경우도 다음 그림과 같이 $\frac{2}{7}=\frac{1}{4}+\frac{1}{28}$임을 알 수 있습니다.

이집트에는 단위분수에 대한 재미있는 전설이 있습니다. 고대인은 자연현상을 과학보다는 미신적으로 설명했고, 설명하지 못하는 존재에 대하여 경외감을 가지고 있었지요. 그래서 어느 민족이든지 태양, 달, 큰 산, 바다 등은 대부분 신과 연결되어 있습니다. 특히 이집트인은 태양을 숭배했는데, 태양을 '신의 눈동자'라고 생각했지요. 그래서 그들은 신의 눈동자 즉, '호루스 신화'가 만들어졌습니다.

호루스 신화는 하늘의 신 누트과 땅의 신 게브 사이에서 사후 세계의 신인 오시리스가 태어나며 시작됩니다. 오시리스는 고대 이집트를 문명국으로 발전시키는 데 큰 역할을 한 왕입니다. 그런데 폭풍과 사막의 신인 세트는 왕의 자리를 탐하여 형인 오시리스를 죽이지요. 오시리스의 아내인 이시스는 남편을 되살려 저승의 왕으로 만들고 아들인 호루스를 낳습니다.

호루스는 어른이 되자 아버지의 복수를 하기 위하여 세트와 대결했고, 세트와의 싸움에서 왼쪽 눈을 잃었습니다. 세트는 호루스의 왼쪽 눈을 여섯 조각으로 나누어 사막에 버렸지요. 다행히도 지혜의 신 토트가 조각난 호루스의 눈을 다시 모아 주었습니다. 그래서 호루스의 오른쪽 눈은 태양을 상징하며 왼쪽 눈은 치유와 달을 상징합니다.

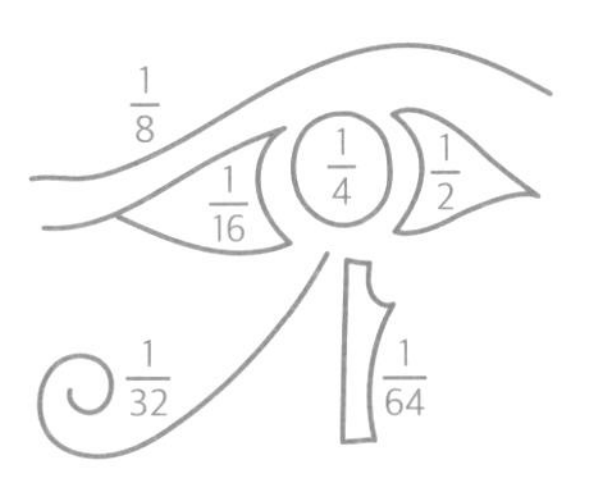

고대 이집트인은 조각난 호루스의 눈을 $\frac{1}{2}$, $\frac{1}{4}$, $\frac{1}{8}$, $\frac{1}{16}$, $\frac{1}{32}$, $\frac{1}{64}$와 같이 단위분수로 나타냈습니다. 호루스의 눈에 나타난 분수를 모두 더하면 아래와 같지요.

$$\frac{1}{2}+\frac{1}{4}+\frac{1}{8}+\frac{1}{16}+\frac{1}{32}+\frac{1}{64}=\frac{63}{64}$$

그래서 사람들은 1이 되기 위해 필요한 $\frac{1}{64}$을 호루스의 눈을 찾아 준 토트가 채웠다고 믿었습니다. 고대 이집트인은 호루스의 눈을 '완벽하고 파괴되지 않는 눈'이라는 뜻으로 '우자트'라고 했지요. 고대 이집트인은 호루스의 눈을 최고의 부적으로 여겨 미라에 넣거나 장신구로 만들어 자신을 지켜주는 부적으로 지니기도 합니다. 오늘날 여러분이 이집트에 여행을 가게 되면 호루스의 눈을 활용한 많은 기념품을 볼 수 있는 이유이지요.

단위분수를 이용하여 유산을 분배한 옛날이야기도 있습니다. 아들 세 명을 둔 상인이 낙타 열일곱 마리를 가지고 있었습니다. 그 상인은 열일곱 마리의 낙타 가운데 첫째 아들에게 $\frac{1}{2}$, 둘째 아들에게 $\frac{1}{3}$, 막내아들에게 $\frac{1}{9}$를 가지라는 유언을 남기고 죽었습니다. 그래서 삼형제는 열일곱 마리의 낙타를 놓고 각각 $\frac{1}{2}$, $\frac{1}{3}$, $\frac{1}{9}$로 나누어 가지려고 했는데, 17은 2, 3, 9의 어떤 수로도 나누어 떨어지지 않았습니다. 결국 삼형제는 낙타를 놓고 싸우게 되었는데, 그때 마침 그곳을 지나가던 수학자가 자기가 타고 있던 낙타 한 마리를 빌려주며 말했지요.

"모두 열여덟 마리의 낙타가 있으니 큰아들은 18의 $\frac{1}{2}$인 9마리, 둘째는 $\frac{1}{3}$인 여섯 마리, 막내는 $\frac{1}{9}$인 두 마리를 가지면 됩니다."

그리고 그 수학자는 삼형제에게 낙타를 나누어 주었습니다. 그런데 9+6+2=17마리이므로 원래 자기가 가지고 왔던 한 마리는 도로 가져갔고요.

이 이야기에서 수학자는 단위분수를 사용하여 분수 계산을 한 것이지요. 즉, 열일곱 마리의 낙타를 2와 3과 9의 최소공배수인 열여덟 마리로 나누는 것은 $\frac{17}{18}=\frac{1}{2}+\frac{1}{3}+\frac{1}{9}$이기 때문에 아버지의 유언대로 나눌 수 있었습니다. 이처럼 해결하기 어려운 문제도 수학적으로 생각하면 간단히 풀립니다.

21

유클리드는 옳았고, 옳지 않았다

기하학

기원전 400년경 그리스 세계는 계속되는 전쟁으로 농업은 황폐해지고 빈부격차가 커지며 점점 쇠퇴기로 접어들었습니다. 이때 새로운 강자로 떠오른 세력은 북쪽 변방의 마케도니아였지요. 마케도니아의 필리포스 2세는 기원전 338년의 카이로네이아 전쟁에서 아테네와 테베를 중심으로 구성된 그리스 연합군을 격파하고 그리스 지역의 패권을 잡았습니다.

필리포스 2세의 아들로 젊은 나이에 마케도니아의 왕이 된 알렉산드로스는 기원전 334년 마케도니아와 그리스 연합군을 이끌고 페르시아 제국을 공격했습니다. 알렉산드로스는 기원전 330년에 페르시아 제국을 완전히 무너뜨리고 페르세폴리스

궁전을 불태웁니다. 그러나 알렉산드로스는 페르시아 제국을 계승하고자 스스로 페르시아 공주인 스타테일라와 결혼하고 80명의 고관과 1만여 명의 장병을 페르시아 여성과 결혼시켰지요.

알렉산드로스는 원정 도중에 약 70개의 새로운 도시를 건설하고 그 이름을 '알렉산드로스의 도시'라는 뜻의 '알렉산드리아'라고 했습니다.

거대한 제국을 건설하고 새로운 문화를 만든 알렉산드로스는 인도로의 무리한 원정길에서 열병에 걸려 서른두 살의 나이로 죽습니다. 그의 죽음은 너무나도 갑작스러운 일이었고, 제국의 체제가 미처 갖추어지지 않은 상태라 후계자인 장군들 간에 권력 다툼이 일어났습니다. 이집트를 포함한 영역은 알렉산드로스의 재능 있는 장군인 프톨레마이오스가 통치하게 되었는데, 그는 알렉산드리아를 수도로 정하고, '무세이움'이라는 연구기관을 세웠습니다. 이 새로운 교육기관에 당시 그리스 세계에서 뛰어난 학자라는 사람은 거의 모두 초빙되었고, 그 가운데 수학자 유클리드도 있었지요.

프톨레마이오스 왕은 뛰어난 수학자인 유클리드에게 기하학을 배우고 있었는데, 기하학이 너무 어려워 유클리드에게 물었습니다.

"기하학을 쉽게 배울 수 있는 방법이 없겠소?"

그러자 유클리드는 "왕이시여. 길에는 왕께서 다니시도록 만들어 놓은 왕도가 있지만, 기하학에는 왕도가 없습니다"라고 했지요.

우리가 '공부에는 왕도가 없다'라는 말을 자주 쓰는데, 사실 '왕도'는 기원전 330년 알렉산더 대왕에게 멸망당한 페르시아 제국이 만든 길입니다.

아래 그림은 기원전 525년 오리엔트를 통일했던 아케메네스 페르시아 제국의 지도로, 정치 중심지인 수사에서 사르데스까지 놓인 길이 바로 왕도입니다.

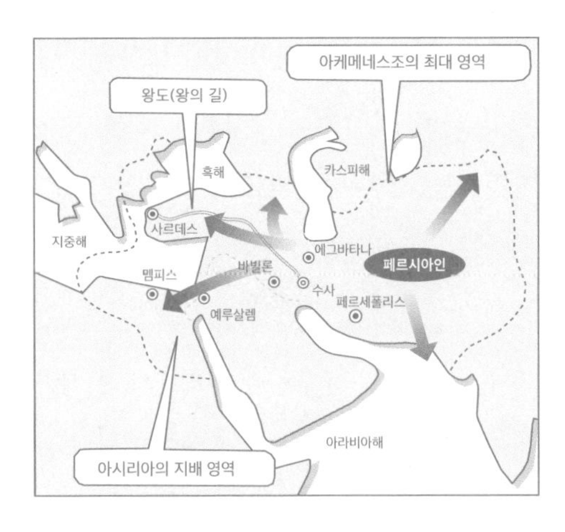

페르시아 제국 시대에 왕도를 나타내는 지도

페르시아 제국은 수도를 정치 중심지인 수사, 겨울 궁전인 바빌론, 여름 궁전인 에크바타나의 3개의 도시로 정했습니다. 그리고 페르시아 제국의 왕은 수사와 지중해에 접해 있는 소아시아의 사르데스를 잇는 약 2,400킬로미터의 길을 만들고 약 25킬로마다 역을 두어 말을 갈아탈 수 있게 했습니다. 그래서 일반인이 수사에서 사르데스까지 가려면 약 3개월이 걸렸지만 이 길은 왕의 명령을 전달하기 위하여 만들었기 때문에 왕의 사자나 왕의 군대는 이 길로 일주일 만에 주파했습니다. 당시에 이 길을 통하면 얼마나 빠른지 짐작할 수 있지요. 이것이 바로 우리가 말하는 '왕의 길' 즉 '왕도'로, 사르데스는 현재 터키의 이스탄불 남쪽에 있는 이즈미르 지역이었으며, 수사는 이라크의 바스라 북쪽지역입니다.

왕도가 만들어졌던 기원전 600년경부터 기원전 300년까지의 시기는 수학의 역사에 있어서 대단히 중요한 시기이기도 합니다. 이 시기에 유클리드는 《원론》이란 책을 통하여 기존의 수학을 하나로 통합했고 무한소, 극한, 합의 과정 등과 관련된 수학적 개념을 발전시켰지요. 그리고 수학을 이르는 말이었던 기하학은 원과 직선에서 곡선과 곡면을 연구하는 고등기하학으로 발전하게 되었습니다.

유클리드가 심혈을 기울인 《원론》은 모두 13권의 책으로 이루어졌고, 그 내용이 매우 훌륭하고 방대할 뿐만 아니라 오늘날 수학에서 사용하는 공리적 방법을 최초로 적용한 책이기도 합니다. 수학적 체계화의 역사에서 이것은 최초의 위대한 사건이었습니다. 이 책은 성경을 제외하고 가장 널리 사용되고 연구되었으며, 2000년 이상 모든 수학교육을 좌우해 왔지요. 1482년에 처음으로 인쇄된 이래 지금까지도 우리는 《원론》에 있는 내용을 배우고 있습니다. 그리고 《원론》에 있는 내용을 기초로 건설된 기하학을 '유클리드 기하학'이라고 합니다. 이를테면 유클리드 기하학은 우리가 학교에서 배운 다음과 같은 내용입니다.

- 평행선은 만나지 않는다.
- 삼각형의 내각의 합은 180도이다.
- 두 점을 잇는 최단 거리는 선분이다.
- 원은 한 점에서 같은 거리에 있는 점들의 모임이다.

하지만 《원론》이 너무 훌륭하여 생긴 문제점도 있었습니다. 《원론》의 출현은 그 이전의 수학책을 너무 빠르고 완벽하게 대치했기 때문에, 그보다 먼저 나왔던 책 중에서 현재 남은 것이 없지요. 따라서 유클리드 이전의 수학책이나 수학 내용이 누구의 업적인지를 아는 것은 극히 제한적인데, 유클리드 이후의 저술가들에 의한 주석을 통해서 그런 사실을 알 수 있는 것이 유일한 방법이 되었습니다.

유클리드는 《원론》을 다음과 같은 각각 다섯 개의 공리와 공준을 소개했습니다. 오늘날 공준과 공리는 엄격하게 구별하지 않고 사용되지만, 유클리드가 살던 당시에 공리는 모든 학문에 누구나 참이라고 인정하는 보편적인 진리이고 공준은 수학과 같은 특정 분야에서 참이라고 인정하는 진리였습니다.

〈공리〉

공리 1. 같은 것과 같은 것들은 서로 같다.

공리 2. 같은 것에 같은 것을 더하면 그 전체끼리는 서로 같다.

공리 3. 같은 것에서 같은 것을 빼면 그 남은 것끼리는 서로 같다.

공리 4. 서로 완전히 포갤 수 있는 둘은 서로 같다.

공리 5. 전체는 부분보다 크다.

〈공준〉

공준 1. 한 점에서 다른 한 점으로 직선을 그을 수 있다.

공준 2. 유한한 직선을 무한히 연장할 수 있다.

공준 3. 한 점을 중심으로 하는 원을 그릴 수 있다.

공준 4. 모든 직각은 서로 같다.

공준 5. 한 직선이 두 직선과 만날 때 같은 쪽의 내각의 합이 두 직각보다 작다면, 이 두 직선을 한없이 연장할 때, 내각의 합이 두 직각보다 작은 쪽에서 만난다.

앞의 공준 중에서 우리가 눈여겨봐야 할 것은 일명 '평행선 공준'인 '공준 5'입니다. 수학자들은 이 다섯 번째 공준에 대하여 생각을 비틀어 또 다른 기하학을 탄생시켰습니다.

위의 공리와 공준이 모두 옳다는 가정에서 세워진 유클리드 기하학이 우리가 고등학교까지 배운 기하학입니다. 반면에 유클리드 기하학이 아닌 경우 즉, 위의 공리와 공준 중에서 어떤 것을 유클리드와 다르게 생각하여 얻어진 기하학을 '비유클리드 기하학'이라고 합니다.

비유클리드 기하학, 즉 전통적인 믿음에 대한 건설적인 의심으로 인해 놀라운 원리가 태어났습니다. 아인슈타인에게 상대성이론을 어떻게 발견하게 되었는지 물었을 때, 그는 '공리를 의심함으로써'라고 대답했지요. 해밀턴과 케일리는 곱셈에 관한 교환 법칙의 공리를 의심했으며, 코페르니쿠스는 지구가 태양계의 중심이라는 공리를 의심했고, 갈릴레오는 더 무거운 물체가 더 빨리 떨어진다는 공리를 의심했습니다. 로바체프스키와 보야이는 유클리드의 평행선 공준을 의심했기 때문에 비유클리드 기하학을 발견하게 되었지요.

이와 같은 공리에 대한 의심은 수학의 발전을 이루는 일반적인 방법이 되었으며, 칸토어(Cantor)는 '수학의 본질은 생각의 자유에 있다'라는 말로 수학의 특성을 설명했습니다.

하지만 우리가 유클리드 기하학을 너무나도 직관적으로 받아들이기 때문에 이것이 '공리'나 '공준'에 기초한 공리 체계라는 사실을 인식하지 못합니다. 그래서 유클리드 기하학은 모든 과학에서 절대적으로 여겨져 왔고, 비로소 19세기가 되어서야 유클리드 기하학이 아닌 '비유클리드 기하학'을 생각할 수 있게 되었지요.

우리가 배우고 또 알고 있는 유클리드 기하학을 정확히 이해하기 위해서는 간단하면서도 흥미로운 비유클리드 기하학을 소개가 더 필요합니다. 이때 가장 많이 드는 예시가 바로 '택시 기하학'입니다. 택시 기하학을 이해하기 위하여 먼저 유클리드 기하학에서의 두 점 사이의 거리를 어떻게 정의하는지 알아봅시다.

유클리드 기하학에서 점, 선, 면, 거리, 각 등은 일반적으로 우리가 잘 알고 있습니다. 이 중에서 두 점 사이의 거리는 두 점을 잇는 가장 짧은 길이로 직각삼각형에 관한 피타고라스 정리를 이용하여 구할 수 있습니다. 즉, 그림과 같이 좌표평면 위의 두 점 $A(a, b)$와 $B(c, d)$ 사이의 거리 $d(A, B)$는 직각삼각형 ABC의 빗변 AB의 길이이므로 피타고라스 정리로부터 $d(A, B)=\sqrt{(c-a)^2+(d-b)^2}$입니다.

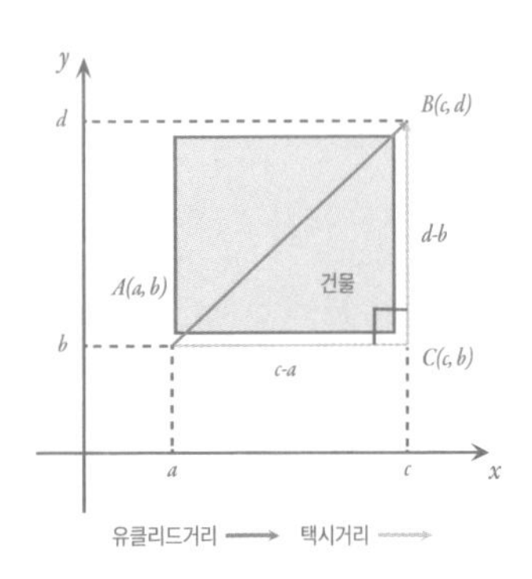

이제 바둑판 모양의 도로망을 가진 도시의 점 A에서 택시를 타고 점 B로 가는 경우를 생각해 봅시다. 그런데 위의 그림에서 두 점 사이에 건물이 있을 때, 택시를 타고 A에서 B로 가려면 건물을 뚫고 직선으로 곧바로 못 가고 건물을 둘러 점 A에서 점 C를 거쳐 점 B로 가야 합니다. 즉, 두 점 사이의 택시 거리를 $d_T(A, B)$로 나타내면 $d_T(A, B)=|c-a|+|d-b|$과 같습니다.

이렇게 거리를 측정하는 것을 '택시 거리'라고 하고, xy 평면에 유클리드 거리가 적용되면 '유클리드 평면', 택시 거리가 적용되면 '택시 평면'이라고 합니다. 그런데 실생활에서 두 지점 사이의 거리는 택시 거리로 측정하는 편이 더 현실적이며, 택시 평면 위에서는 유클리드 기하학의 내용이 옳지 않습니다. 즉, 택시 기하학은 비유클리드 기하학입니다.

유클리드 기하학에서는 다음과 같은 삼각형의 합동공리(SAS)가 있지요.

'대응하는 두 쌍의 변의 길이와 그 사이에 낀각의 크기가 각각 같은 두 삼각형은 합동이다.'

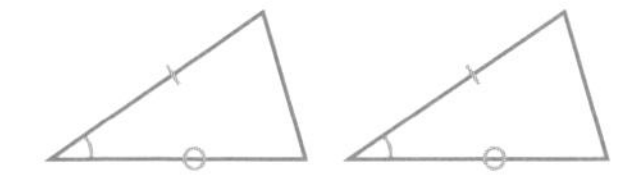

대응하는 두 변의 길이가 각각 같고, 그 끼인각의 크기가 같을 때, SAS 합동이 성립한다.

택시 평면에서는 유클리드 평면에서 성립하던 삼각형의 SAS 합동 공리가 성립하지 않습니다. 마찬가지로 유클리드 기하학에서 성립하던 삼각형의 나머지 두 가지 합동 공리도 택시 기하학에서는 성립하지 않습니다.

또 우리가 초등학교에서 배운 마름모는 '네 변의 길이가 같은 사각형'이며, 마름모의 가장 대표적인 성질은 '두 대각선은 서로 직교한다'입니다. 하지만 택시 기하학에서 마름모는 이 성질을 만족하지 않습니다.

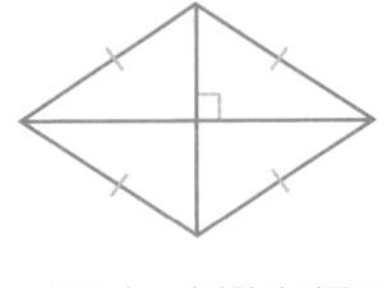

택시 평면의 마름모

위의 왼쪽 그림은 우리가 알고 있는 마름모로 두 대각선이 직교합니다. 그런데 오른쪽 그림은 각 변의 택시 거리가 3인 마름모이고, 두 대각선은 점 A에서 교차하지만 그림에서 보듯이 직교하지 않지요.

위의 경우와 같이 택시 기하학과 유클리드 기하학은 많은 차이점이 있습니다. 두 기하학에서 서로 확연히 다른 부분은 원에 관한 내용입니다. 사실 우리가 알고 실생활에서 쓰는 원은 유클리드 거리에 따른 원이지요. 실제로 원의 정의는 '한 정점에서 일정한 거리에 있는 점의 집합'으로 이 정점을 중심, 일정한 거리를 원의 반지름이라고 합니다. 이 원의 정의를 그대로 택시 평면 위에 옮겨 놓아도 우리가 아는 모양의 원이 될까요?

중심이 (0, 0)이고 반지름의 길이가 3인 택시 원을 xy 평면 위에 나타내 봅시다. 반지름의 길이가 3이므로 택시 평면 위에서 원은 $|x| + |y| = 3$을 만족시키는 점 (x, y)의 집합이 됩니다.

다음 그림은 이 식을 만족시키는 점의 집합을 택시 평면 위에 나타낸 것으로 택시 원은 우리가 알고 있는 원이 아니고 두

대각선의 길이가 같은 마름모 모양의 정사각형입니다. 택시 원은 두 대각선이 좌표축과 평행한 유클리드 평면에서의 정사각형과 같으며, 원점 이외의 점을 중심으로 해도 마찬가지로 택시 원은 정사각형 모양이 됩니다. 이를테면 중심이 (2, 1)이고 반지름의 길이가 2인 택시 원은 $|x-2|+|y-1|=3$으로 나타낼 수 있고, 이는 위의 도형을 x축으로 2만큼 y축으로 1만큼 평행 이동시킨 도형이 됩니다.

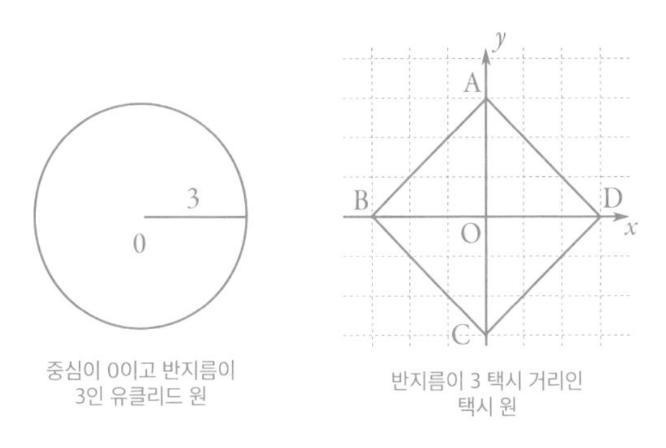

중심이 0이고 반지름이 3인 유클리드 원

반지름이 3 택시 거리인 택시 원

택시 기하학은 유클리드 기하학에서 다루는 것과 마찬가지로 여러 기하학적인 내용을 다룰 수 있지만 우리가 지금까지 학교에서 배운 기하학과는 사뭇 다릅니다. 택시 기하학은 우리에게 수학은 정해져 있지 않고 만드는 것임을 말해 주기도 합니다. 이렇게 수학을 알아감으로써 고정된 틀에 갇혀 있는 생각의 틀을 깨고 창조적인 생각을 할 수 있게 하지요.

22

오차 범위를 줄이는 법

작도

기원전 3000년경 메네스 왕은 상하 이집트로 나눠 있던 이집트를 통일했습니다. 그 이후에 왕을 '큰 집에 사는 사람'이라는 뜻의 '파라오'라고 불렀고, 파라오의 권력은 신으로부터 부여받았다고 주장했습니다. 특히 메네스 왕은 신이 자신에게 부여한 권위를 나타내기 위하여 자신이 죽은 뒤에도 왕을 모시는 피라미드를 건설하기 시작했습니다.

고대 이집트에서 최고 지배자였던 파라오는 신과 똑같은 존재였기 때문에 성직자들은 파라오를 위하여 죽은 뒤에 영혼이 살 집인 피라미드를 세워야 한다고 생각했습니다. 오늘날 피라미드에 관해 남아 있는 가장 오래된 기록은 그리스의 역사가

헤로도토스가 쓴 책 《역사》에서 찾을 수 있지요. 그 책에 따르면 기자의 피라미드를 완성하기 위하여 십만 명이 3개월씩 교대로 20년 동안 일하여 완성했다고 합니다. 외부를 장식하는 돌과 돌 사이의 빈틈은 기껏해야 0.05센티미터 정도로 고도의 기술로 만들어졌으며, 피라미드라는 이름은 그리스어의 '피라미스(pyramis, 세모꼴의 빵)'에서 유래했다고 합니다.

피타고라스 학파의 위대한 업적 중에서 '무리수'에 관한 내용이 가장 흥미로운데, 그들의 주장에 따르면 이 세상의 모든 것들은 정수와 정수의 비율로 나타낼 수 있다고 했습니다. 그런데 추후 자신들의 주장에 맞지 않는 부분이 있다는 사실을 알게 되었지요. 그래서 무리수의 발견을 발표하지 않았던 것일까요? 그런데도 피타고라스 학파는 정오각형에 별을 그려 넣은 모양을 자신들의 상징으로 사용했습니다. 별들의 임의의 한 변은 그것과 교차하는 나머지 두 변을 '황금분할'하기 때문이었습니다.

황금분할은 바로, 이집트의 피라미드에서 찾을 수 있습니다. 이는 '황금비'라고도 하지요. 황금비가 무리수임을 생각하면 무리수의 존재를 숨기려 했던 피타고라스 학파의 상징이 정오각형 안에 별을 그린 것이라는 사실은 아이러니합니다.

다시 이집트인들의 이야기로 돌아가서, 이집트인은 파라오를 위하여 정교한 피라미드를 건설했는데, 피라미드를 세운 구체적인 방법은 지금까지도 정확하게 확인되지 않았지만 건물을 짓는 방법으로부터 추측할 수 있습니다.

이집트의 건축가들은 엄청난 크기의 피라미드를 똑바로 세우기 위해서 피라미드의 설계도를 그렸을 뿐만 아니라, 채석장에서 운반된 돌 블록의 가장자리를 어떻게 해야 정확히 땅과 수직이 되게 세울 수 있는지도 알고 있었습니다. 피라미드의 설계도는 오늘날처럼 정밀했다기보다는 완성된 건물의 모습을 간단하게 그렸을 것으로 추측합니다.

피라미드를 건설하는 사람들은 설계도와 같은 실제 크기의 건축물을 세우기 위하여 설계도에 있는 내용을 피라미드가 실제로 세워질 땅 위에 정확하게 표시하는 방법과 세우는 방법 모두를 알고 있어야 했습니다. 그래서 피라미드 건축가들은 오늘날 우리가 기하학이라고 부르는 실용적인 측정기술을 활용했지요.

피라미드 건설에서 가장 어려운 문제는 피라미드의 밑면을 정확하게 정사각형으로 만드는 일입니다. 바닥에 그려진 사각형의 어느 한쪽 변의 길이가 다른 쪽보다 길거나, 네 귀퉁이의 각 가운데 어느 한 각이 직각을 이루지 않는다면, 밑면은 정사각형이 되지 않아 결국 피라미드를 모두 쌓아 올리면 꼭대기가 정확하게 들어맞지 않게 됩니다. 오차가 피라미드의 밑에 있는 층에서 발생하면 돌을 위로 쌓을수록 오차 범위는 점점 더 커질 것입니다. 따라서 건축가들은 매우 정밀한 측량을 하고 정확하게 직각을 그려야 했고, 직각을 그리기 위해 그들이 사용한 방법은 바로 '작도'입니다.

이집트인은 작도를 이용해 피라미드를 세울 땅에 정확하게 정사각형을 그렸고, 그 위에 차곡차곡 돌 블록을 쌓아 올렸습니다. 작도를 활용하여 건설한 대피라미드는 피라미드의 동쪽 밑변의 길이가 230.391미터, 서쪽 밑변의 길이가 230.357미터, 남쪽 밑변의 길이가 230.454미터, 북쪽 밑변의 길이가 230.253미터입니다. 당시에는 오늘날과 같은 정밀한 측량기가 없었음에도 피라미드의 네 변의 길이를 거의 일치시켰다는 것은 매우 놀라운 일입니다. 또한 피라미드의 밑면을 이루는 사각형은 거의 무시해도 좋을 정도의 오차로 네 각이 모두 90도입니다.

고대 이집트인은 작도로 직각삼각형만 만들지 않았습니다. 그들은 작도로 동, 서, 남, 북의 네 방향을 정확하게 알아냈습니다. 그들은 해가 뜨는 쪽과 지는 쪽을 각각 동쪽과 서쪽으로 정했고, 두 지점을 직선으로 이은 뒤 그 직선의 수직선을 앞에서와 같은 방법으로 작도하여 북쪽과 남쪽을 정했습니다. 이로써 동, 서, 남, 북의 네 방향을 서로 정확히 수직이 되게 정할 수 있었지요.

고대 이집트인이 기하학을 알지 못했다면 그렇게 정밀한 피라미드를 건설하지 못했을 것입니다. 하지만 이집트인의 놀라운 수학 실력은 세계의 역사를 바꾸는 중요한 도구가 되었고, 덕분에 우리는 오늘날 거대한 피라미드를 보게 되었지요.

수학자에게 작도와 관련된 가장 관심 있는 문제는 3대 작도 불가능 문제였습니다. 3대 작도 불가능 문제는 다음과 같고, 이 세 가지 문제는 현재 모두 불가능함이 수학적으로 증명되었습니다.

① 임의의 각을 삼등분하여라.

② 주어진 원과 같은 넓이의 정사각형을 작도하여라.

③ 주어진 정육면체의 부피의 두 배가 되는 부피를 갖는 정육면체를 작도하라.

그런데 마지막 문제에 대해서는 세계사와 연결된 재미있는 이야기가 있습니다.

그리스 지역은 기원전 500년경부터 모두 세 차례에 걸쳐 페르시아의 침략을 받았으나 모두 잘 막아냈습니다. 그 뒤 페르시아가 다시 침공해 올 것을 대비하여 그리스 지역의 200여 도시국가가 아테네를 중심으로 델로스 동맹을 맺습니다. 아테네의 지도자 페리클레스는 델로스 동맹을 이용하여 아테네를 재건했습니다. 그 이후 아테네의 패권이 견고해졌고 평화의 반 세기 동안에 아테네 역사의 황금기가 펼쳐졌지요. 그리하여 페리클레스와 소크라테스가 있던 이 도시는 민주적이고 지적인 발전의 중심지가 되었고, 많은 학자가 그리스 세계의 여러 곳으로부터 이곳으로 모였습니다.

이오니아학파의 뛰어난 인물인 아낙사고라스가 아테네에 정착해 흩어져 있던 피타고라스 학파가 아테네로 돌아왔고, 엘레아학파의 제논과 파르메니데스도 아테네에 와서 사람들을 가르쳤습니다. 또 이오나아의 키오스 출신인 히포크라테스가 아테네를 방문하였는데 그곳에서 최초로 기하학과 관련된 책을 출간하여 고대의 저자로서 명성을 얻게 되었지요.

그러나 델로스 동맹은 도시 국가의 자립을 원칙으로 하는 전통을 깨트렸고, 아테네의 독주를 겁낸 여러 다른 도시 국가는 스파르타를 중심으로 아테네에 대항했습니다. 마침내 기원전 431년 아테네와 스파르타 사이에 펠로폰네소스 전쟁이 시작되면서 그리스는 평화시대의 막을 내리고 전쟁에 빠져들었습니다. 처음에 승리의 여신은 아테네 편을 드는 듯했지만 갑자기 아테네에 무서운 전염병이 돌면서 인구의 $\frac{1}{3}$이 죽었습니다.

결국 기원전 404년에 아테네는 스파르타에게 굴욕적인 항복을 했습니다. 만일 전염병이 돌지 않았다면 펠로폰네소스 전쟁은 아테네의 승리로 돌아가고 스파르타는 더 빨리 쇠퇴했을 것이며, 이후에 유럽은 민주적인 정치풍토로 바뀌어 세계의 역사가 바뀌었을 것입니다.

왜 하필 그때 아테네에 전염병이 돌았을까요?

고대 그리스에서 무서운 전염병이 퍼지기 시작할 무렵에는 아직 의학이 발달하지 못하였기 때문에 사람들은 이것을 분명히 신의 재앙이라고 여겼습니다. 그래서 사람들은 신전에 가서 신의 계시를 듣기로 했습니다. 당시 신들의 제단 가운데 예언이나 신의 말을 가장 잘 내려주는 곳은 델피에 있는 아폴로의 신전이었습니다. 그래서 아테네 사람들은 아폴로 신에게 어떤 해결책을 얻기 위해 그곳을 찾아가서 아폴로 신에게 물었습니다. 그랬더니 아폴로 신은 다음과 같은 계시를 내렸지요.

"나의 신전 앞에 놓여 있는 정육면체의 제단은 그 모양은 좋으나 크기가 조화롭지 못하다. 그래서 이 제단의 모양은 그대로 두고 부피를 정확하게 두 배인 정육면체로 바꾸어라. 그러면 재앙은 사라지고 전쟁에서 승리할 것이다."

아테네 사람들은 이 계시를 듣고 크게 기뻐하며 제단을 개축하기로 했습니다. 하지만 새로운 제단이 완성되었음에도 전염병은 전혀 진정되지 않았습니다. 난처해진 원로원의 장로들은 저명한 수학자를 초빙하여 그 원인을 규명해 달라고 했습니다. 수학자는 제단을 유심히 살펴보더니 다음과 같이 말했습니다.

"당신들은 참으로 어리석군요. 각 변의 길이를 두 배로 하면 부피는 여덟 배가 되어 신의 노여움이 증가할 뿐이요."

사람들은 부피를 두 배로 하기 위하여 각 변의 길이를 얼마로 하여야 하는가를 몰랐던 것입니다. 그렇다면 부피를 두 배로 하려면 실제로 각 변의 길이를 얼마만큼 늘려야 할까요? 이것은 '델피의 문제'라고 불리는 정육면체의 배적에 관한 문제입니다.

3대 작도 불가능 문제는 거의 2000년 동안 풀리지 않다가 19세기가 되어서야 세 가지 모두 작도가 불가능하다는 증명이 완성되었습니다. 자와 컴퍼스만으로 작도해야 한다는 유클리드 기하학의 전통과 제약은 많은 수학자를 괴롭혀 왔지만, 동시에 이 세 가지 문제를 풀기 위한 집요한 연구는 기하학을 한 단계 발전시켰습니다. 가령 원추곡선(원, 쌍곡선, 포물선 등), 삼차 곡선, 사차 곡선 등의 발견이라든지, 심지어 대수적인 영역에까지 영향을 미쳤지요.

현대 화학이 연금술에서 발전했듯이, 오늘날 수학발전의 밑거름은 수학적으로 불가능하다고 엄격하게 증명된 3대 작도 불가능 문제라고 해도 과언이 아닙니다. 그리고 이 증명을 모두 완성하기 위하여 수학자들은 거의 2000년이 넘는 세월을 끊임없이 노력했습니다.

23

아인슈타인의 사랑 방정식

위상수학

부모와 자식 간의 사랑, 남녀 간의 사랑, 친구 사이의 사랑, 모든 사랑은 우리를 밝고 좋은 세상으로 이끌어 가는 힘입니다. 사랑은 눈에 보이지도 않으면서 서로를 질긴 끈으로 꽁꽁 매는 매듭과도 같이 한 번 매면 풀기 어렵습니다. 이처럼 어려운 사랑을 수식으로 간단히 푼 사람이 있지요. 그는 이 시대 최고의 천재로 알려진 아인슈타인입니다.

어느 날 아인슈타인에게 한 학생이 물었습니다.

"박사님은 모든 물체 사이에 작용하는 상대성 원리도 발견하시고 수식화하셨습니다. 그렇다면 사람들 사이에 오가는 사랑도 방정식으로 표현하실 수 있습니까?"

잠시 생각하던 아인슈타인은 다음과 같은 사랑방정식을 만들어 냈습니다.

Love = 2□ + 2△ + 2● + 2V +8<

그리고 다음과 같이 설명했습니다.

"가지 않으면 안 될 길을 마지못해 떠나가며, 못내 아쉬워 뒤돌아보는 그 마음! 갈 수 없는 길인데도 따라가지 않을 수 없는 간절한 마음! 그 마음이 바로 사랑이다."

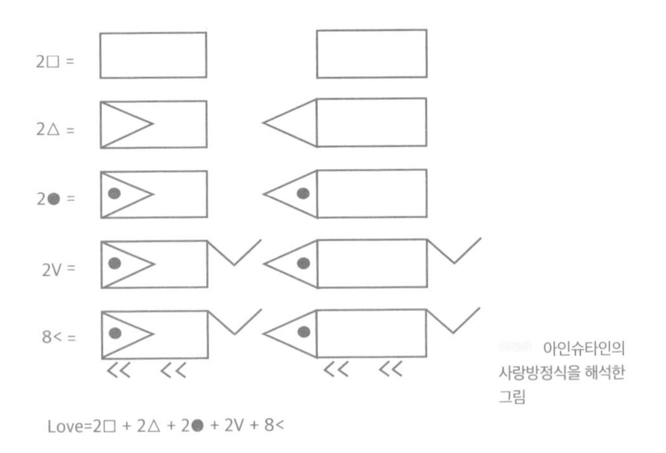

아인슈타인의 사랑방정식을 해석한 그림

아인슈타인의 사랑에 관한 재치 있는 수식은 사랑의 감성적인 면을 나타낸 것입니다. 그런데 아인슈타인이 진짜로 이런 이야기를 했는지는 확실하지는 않습니다. 아마도 그의 명성을 이용하여 퍼진 소문인 듯하지요.

그렇다면 우리는 진짜로 수학을 이용하여 사랑을 설명할 수 있을까요?

사랑을 수학으로 설명하기 위하여 우선 '위상수학'을 알아야 합니다. 위상수학을 간단히 말하자면 공간 속의 점, 선, 면 그리고 위치 등에 관하여 양이나 크기와는 상관없이 형상이나 위치관계를 나타내는 수학의 한 분야이지요. 이를테면 진흙으로 둥근 공을 만들었다가도 다시 공 모양을 변형해 긴 막대기나 손잡이가 없는 컵을 만들 수 있습니다. 이때, 모양은 공에서 막대기나 컵으로 바뀌었지만 진흙이 모래로 바뀌었다든지 서로 떨어졌다든지 구멍이 뚫렸다든지 하는 변형은 없는 전제가 있습니다.

이런 경우 우리는 둥근 공과 막대기 그리고 손잡이 없는 컵은 위상적으로 '동형'이라고 합니다. 그러나 구멍 뚫린 도넛과 공은 위상적으로 동형이 아닙니다. 구멍 뚫린 도넛은 구멍 뚫린 손잡이가 달린 컵과 위상적으로 동형입니다.

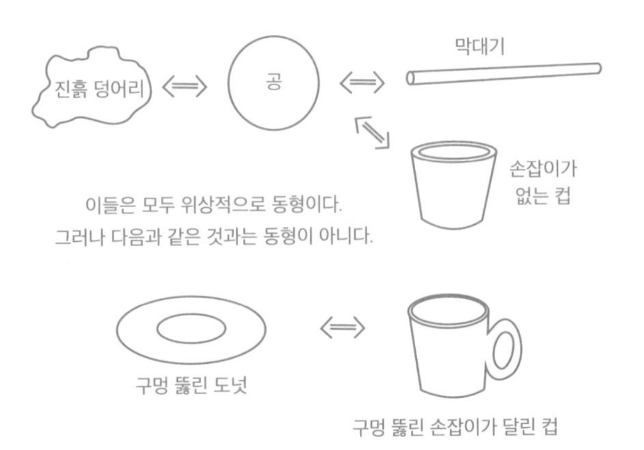

위상수학은 여러 면에서 기호논리학과 밀접한 관계가 있으며, 수학의 거의 모든 분야는 물론 예전에는 수학적 방법으로 처리할 수 없다고 여겼던 분야에까지 영향을 미치고 있습니다. 예를 들어 기계장치, 지도, 배전망, 복잡한 기능을 계획하고 제어하는 조직 설계에 영향을 주지요.

1950년대 말쯤부터 영국의 수학자 지이만(E. C. Zeeman)이 처음으로 위상수학을 수학 이외의 다른 과학에 응용하기 시작했습니다. 그는 뇌의 위상적 모델을 만들어 여러 가지 현상을 해석함으로써 많은 관심을 끌었습니다. 이에 자극을 받은 톰(R. Thom)은 수학을 생물학과 물리학 더 나아가 사회과학에 응용할 수 있는 방법을 생각했고, 1973년 말, 《구조안정성과 형태형성 이론》이라는 책을 출판했습니다. 톰은 이 책에서 갑작스러운 큰 변화를 카타스트로피(catastrophe, 파국)라고 하며 이 '파국'을 어떻게 수학적으로 파악하는지 정리했습니다.

그런데 파국에 관한 톰의 생각은 난해하고 철학적이었기 때문에 지이만이 톰의 이론을 쉽고 응용하기 편리하도록 풀이했지요. 지이만은 파국이론을 전개하는데 '적에 대한 개의 행동'을 예로 들었습니다. 그러나 우리는 개에 대한 지이만의 예 대신 사랑으로 파국이론을 간단히 알아 봅시다.

여기, 이제 막 사랑을 시작하는 젊은 남녀가 있습니다. 그들의 사랑을 수치적인 양으로 나타내기는 힘들지만, 둘은 시간이 흐를수록 상대방에게 더욱 깊은 사랑의 감정을 갖습니다. 이들은 서로를 사랑하는 동안 몇 차례 싸움도 했지요.

아름다운 사랑을 만들던 연인은 어느 날 하찮은 일로 심하게 싸웠습니다. 그래서 화가 난 여자는 남자를 사랑하던 마음이 시들게 되었습니다. 하지만 예전의 사랑을 되찾고 싶어 하는 남자는 여자에게 어떻게 화해를 청할까 생각하다가 편지를 쓰기로 하지요.

남자는 짧지만 진심이 가득 담긴 화해의 편지를 정성껏 써서 사랑하는 연인에게 보냈습니다. 편지를 읽은 여자는 남자의 진심에 너무 감동한 나머지 남자를 사랑하는 마음이 벅차올랐지요. 결국 그들의 사랑은 다시 뜨거워졌고 예전보다 더욱더 사랑이 깊어졌습니다.

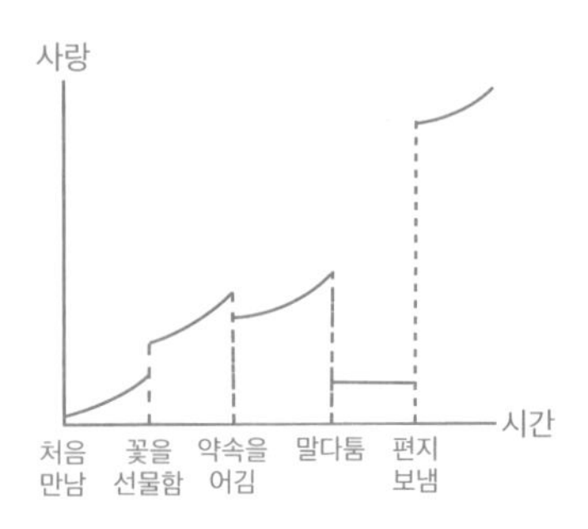

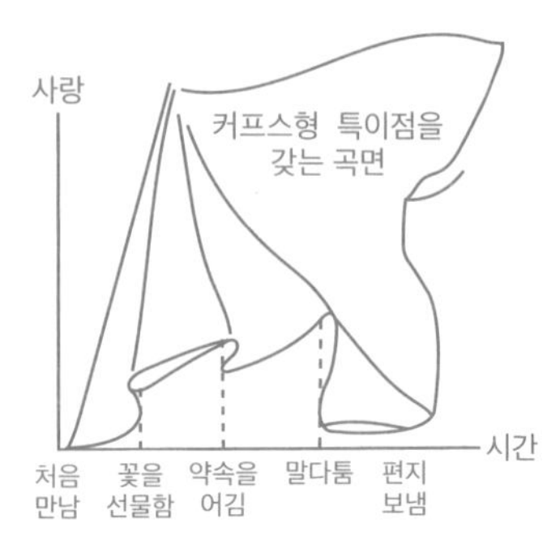

이 이야기를 수학적으로 표현하기 위해 위와 같은 그래프로 나타낼 수 있습니다. 여기서 수평좌표는 둘이 만남을 유지하는 시간이고 수직좌표는 사랑의 양을 말합니다.

왼쪽의 그래프는 불연속적인 현상을 나타내고 오른쪽의 그래프는 이들을 포함하는 곡면이 있음을 나타냅니다.

이 그림에서 두 사람의 사랑이 처음 만났을 때부터 꽃을 선물할 때까지 연속적으로 변한다는 사실을 알 수 있지요. 그러나 꽃을 선물한 다음은 사랑의 감정이 위로 '상승'했습니다. 또 약속을 어긴 이후에 연속적으로 변하던 곡선이 말다툼이 있은 다음에는 '하강'함을 알 수 있습니다. 그리고 남자의 편지를 받고 둘이 화해를 한 이후에는 기존에 있던 양보다 훨씬 많이 상승했지요.

이러한 복잡한 불연속을 어떤 한 곡면 위에 모두 나타낼 수 있고 그 곡면의 성질로부터 주어진 문제를 해결한다는 것이

'파국이론'입니다.

파국이론은 예전의 연속적 현상만을 다루었던 수학에 불연속 현상을 도입하는 획기적인 역할을 했습니다. 그 결과 어떤 현상에 대한 다양한 표현 방법의 모델이 수학자로부터 자연과학자뿐만 아니라 사회과학자에게도 제공되었지요.

지이만은 이런 기법을 이용해 국방 문제부터 나라 사이의 외교관계에 이르기까지 여러 응용의 보기를 들어 파국이론을 설명했습니다. 이런 설명 중에서 사회과학과 관련된 어떤 것은 이야깃거리로는 재미있지만 아직 엄밀하게 정립되지는 않았습니다. 그렇지만 자연과학의 여러 곳에서는 실제로 파국이론이 응용되고 있습니다.

파국이론의 예를 들어 보겠습니다. 2004년 인도네시아는 쓰나미로 약 15만 명의 인명 희생과 막대한 재산 피해를 입었던 일을 기억할 것입니다. 이러한 큰 자연재해는 역사적으로 인간과 자연에 큰 영향을 끼쳤고 역사의 흐름을 바꾸어 놓았습니다.

미국의 고고학 저널리스트인 데이비드 키즈는 세계 각국의 사료를 조사해서 쓴 《대(大)재해》에서 서기 535에서 536년에 걸쳐 전 세계적으로 대기가 혼탁해지면서 태양을 가려 큰 기근과 홍수가 나고 전염병이 창궐해 구시대가 몰락하고 새 문명의 싹이 트기 시작했다고 주장했지요.

1815년에는 인도네시아 숨바와섬의 탐보라 화산 폭발로 수십만 명이 숨졌습니다. 대기를 뒤덮은 150만 세제곱 킬로미터의 화산재와 먼지는 지구의 기온을 낮췄고, 이로 인해 이듬해인 1816년은 유럽인들에게 '여름이 없었던 해'로 기억됐으며, 전 세계적으로도 흉작이 이어졌습니다.

1845년 여름 아일랜드에서는 3주 동안 내린 큰비와 습한 날씨 때문에 감자 페스트가 퍼졌고, 이 비는 이듬해 봄까지 계속되었지요. 결국 주식인 감자 농사를 망친 수많은 아일랜드 인들이 굶어 죽었고 200만 명 이상이 이후 10년간 미국으로 이민을 떠났습니다.

파국이론은 지금 우리에게도 적용할 수 있습니다. 2019년 말부터 시작된 코로나19가 인류 역사에 큰 영향을 미쳤기 때문이지요. 코로나 발생 이전의 삶과 이후의 삶에 큰 변화가 있고, 제4차 산업혁명 기술의 발전으로 지금까지의 삶의 방식은 완전히 새로운 방식으로 바뀌된다고 많은 학자는 주장합니다. 이렇게 되면 전통적으로 좋은 직업이라고 여겨졌던 분야가 사라지고 새로운 분야의 직업이 탄생할 것입니다.

지금까지는 문명과 문화가 새로 생기더라도 서서히 변하거나 발전했기 때문에 사람들이 적응하기에 시간이 충분했지만, 앞으로는 매일, 매 시각 새로운 지식과 새로운 일자리가 생겼다 없어지므로 인류는 지금까지 한 번도 경험하지 못했던 다양한 방식에 적응해야 합니다. 이렇게 갑작스러운 대규모 자연재해가 인류 역사에 큰 영향을 미치는 것이 파국이론의 실제 예입니다.

• 피타고라스의 생각

인생을 바꾸는 격언의 발견

피타고라스는 자신을 포함한 모든 제자가 신성해지고, 궁극적으로 신적인 존재가 되었으면 했다. 그는 그래서 수많은 격언을 쓰면서 제자들에게 가르침을 전했는데, 전해지는 격언 중 20가지는 다음과 같다.

1. 균형 잡힌 저울을 넘지 말라(법을 어기지 말라)
2. 왕관에 눈물 흘리지 말라(너무 기뻐서 호들갑을 떨지 말라)
3. 반지에 신의 형상을 새기지 말라(신의 이름을 불경스럽게 하지 말라)
4. 칼로 불을 쑤시지 말라(싸움을 더 심하게 만들지 말라)
5. 사람이 많은 길로 다니지 말라(파멸을 이끄는 유행을 따르지 말라)

6. 근처에 제비가 살게 하지 말라(허튼소리 하는 사람과 사귀지 말라)

7. 짐을 내릴 때 도와주지 말고, 짐을 들어 올려 주어라(나쁜 일을 장려하지 말고 선행을 쌓게 하라)

8. 쉽게 악수하지 말라(분별없는 친구를 만들지 말라)

9. 꽉 맞는 반지를 끼지 말라(자유를 찾고 굴종을 피하라)

10. 빵을 쪼개지 말라(자비를 베풀 때 너무 옹색하지 말라)

11. 식초 양념 병을 멀리 두어라(악의와 비꼼을 피하라)

12. 해를 향하여 소변을 보지 말라(겸손하라)

13. 큰길에 있는 나무를 자르지 말라(공공물을 사적으로 쓰지 말라)

14. 양날이 있는 칼을 피하라(중상모략을 하는 사람과 대화하지 말라)

15. 식탁 위에 음식을 남겨라(항상 자비를 위해 무엇인가를 남겨라)

16. 우물에 돌을 던지면 범죄다(선량한 사람을 박해하면 범죄다)

17. 무덤 위에서 자지 말라(부모에게서 받은 땅에서 나태하게 살지 말라)

18. 문지방에서 멈추지 말라(흔들리지 말고 너의 선택을 지켜라)

19. 두 발로 전차를 뛰어넘지 말라(분별없는 짓을 하지 말라)

20. 우연히 너의 벽에 떨어진 뱀을 죽이지 말라(너의 손님이나 애원하러 온 적을 해치지 말라)

전해지지 않은 격언도 많으나, 피타고라스의 격언은 그들의 경전과 같은 역할을 했다. 피타고라스의 격언은 그 이유가 분명하다. 이를테면 '반지에 신의 형상을 새기지 말라'는 '신의 이름을 불경스럽게 하지 말라'와 같으므로 신을 잘 섬겨야 한다는 의미가 분명하다. 하지만 몇몇은 그 의미가 확실하거나 어렴풋한 의미의 함축이 있다고 할지라도 타당성이 없기도 하다.

피타고라스가 말했다고 믿어지지 않는 격언들도 있다. 예를 들면 자비를 베풀 때 너무 옹색하지 말라는 뜻의 '빵을 부수지 말라'와 같은 말이다. 이 말에 어떤 중요한 의미를 담고 싶어 했던 피타고라스 추종자가 아닌 사람이 만들었다고 추측된다. 이를테면 이 말은 예전에는 빵 하나를 만들어 같이 나누어 먹었는데, 그 부스러기가 흩어져서 싫었기 때문에 만들어진 것으로 여겨지며, 전혀 피타고라스답지 않다. 이런 격언이 언제 어떻게 피타고라스가 한 말로 편입되었는지 확인할 방도는 없다.

피타고라스로부터 이런 신성한 가르침과 교훈을 얻은 피타고라스 학파는 거대한 무리를 이루었다. 이들은 직업을 갖지 않고 공동체 안에서 피타고라스를 최고의 보편적 선이자 타당한 조화로 평가하며 그를 찬양했다. 피타고라스에 대한 그들의 이런 숭배는 피타고라스를 신과 같은 존재로 만들었다.

어떤 이들은 피타고라스를 아폴론과 같이 찬양했고, 또 다른 이들은 '북방정토의 아폴론'이라고 불렀다. 어떤 사람은 '달에 사는 의술의 신 아폴론'이란 뜻으로 그를 '파이온'이라고 부르기도 했다. 또 다른 사람은 인간의 삶을 개선하기 위하여 철학과 행복을 퍼트리는 인간의 형상을 한 올림포스 신 중 하나라고 생각했다. 결국 '긴 머리 사모스인'으로 불리던 어린 소년은 이제 그리스 세계에서 가장 존경받는 사람이 되었다. 아리스토텔레스는 《피타고라스의 철학에 관하여》라는 책에서 피타고라스 학파 사람들은 논리적으로 사고할 수 있는 동물을 신과 인간 그리고 피타고라스와 같은 존재로 구별했다고 설명했다.

피타고라스는 여러 분야에서 잘 알려지지 않은 것들을 연구하여 이론을 세우고, 그것을 자신의 제자에게 가르쳐 그리스 전역에 퍼트렸다. 또한 그는 그리스 세계에서 최상의 정치, 대중적 조화, 친구와의 재산공유, 신에 대한 경배, 죽음에 대한 경건, 입법, 학식, 침묵, 육식의 절제, 금욕, 금주, 신성함, 학문적으로 열망하는 것을 인도해 주었다. 이와 같은 이유로 피타고라스는 그리스 세계에서 추앙받게 되었다.

5장

공부에 대한 생각, 기초에서 확장하기

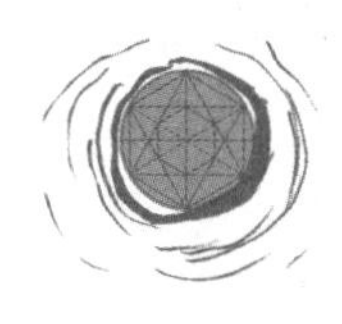

How To Think Like
Mathematicians

24

기초가 튼튼해야 완성된다

수리력

18세기 제1차 산업혁명 과정에서 수학은 물리학과 천문학의 발전을 이끌었습니다. 19세기에 이르러서 수학과 유용성을 별개로 생각했던 고대 그리스적인 전통이 되살아나며 수학 자체의 아름다움을 추구하기도 했지요. 이런 흐름은 현대에까지 이어져 오늘날 수학은 엄밀성과 논리성이 강조하며 점차 현실과 멀어지는 듯 보이기까지 합니다.

수학적 아름다움만을 갖는 것으로 여겼던 '페르마의 마지막 정리'가 그렇지요. 그러나 이때 사용했던 타원곡선 이론은 현재 우리가 매일 간편하게 사용하는 교통카드 시스템을 만드는 기초를 제공했습니다.

또 19세기 프랑스의 수학자 갈루아가 대수방정식의 근을 구하기 위해 고안된 '군론'은 아인슈타인의 상대성이론과 양자역학에 통합되어 물질과 에너지, 공간 그 자체의 궁극적인 구성요소일 수도 있는 소립자 분류의 기초를 제공했지요.

수학은 문명의 시작과 함께 오늘날의 과학을 이끌었고 미래 세대를 책임질 인공지능 등 다양한 영역에 이르기까지 실로 역사의 줄기를 따라 발전해 왔습니다. 그 결과 오늘날 수학은 생각보다 훨씬 다채롭습니다. 전 세계 수학자는 약 10만 명 정도로 추산되며, 그들은 매년 약 200만 쪽 이상의 새로운 수학과 30만 개 이상의 새로운 이론을 발표하고 있지요. 오늘날 과학자와 철학자는 과거보다 훨씬 더 빨리 수학을 자신의 분야에 활용하기 때문에, 새로운 수학 이론으로부터 파생되는 새로운 문명은 상상할 수 없을 정도로 빠르게 변하고 있습니다.

예를 들어, 과거에 은행은 단순히 고객의 돈을 빌려주거나 저축하는 일만 했었지만, 오늘날은 금융 수학을 활용해 고객의 재정 상태를 분석해 최적의 미래를 설계하는 인생 전반적 서비스를 제공하고 있지요. 불과 100년 전만 해도 이동수단은 대부분 우마차였지만 자동차가 나왔고, 이제 곧 수학을 활용한 자동주행 장치를 탑재한 무인 자동차가 우리의 삶을 변화시킬 예정이지요. 이런 변화에 적응하기 위해서는 무엇보다도 그 원리와 기초인 수학을 이해하고 가까이해야 합니다. 그런 의미에서 수학은 신문명의 혜택을 누릴 수 있게 하는 초석임이 틀림없습니다.

놀라운 사실을 하나 알려드릴까요? 이렇게 수준이 높고 어려운 수학도 결국 초등학교에서 배운 수학의 확장에 불과하다는 사실입니다. 수학을 잘하려면 초등학교 수학을 잘해야 하지요. 실제로 수학은 초등학교 수학, 중학교 수학, 고등학교 수학, 대학교 수학으로 점점 확장되는 교육 과정을 거치고 있습니다. 그러면 초등학교 수학이 어떻게 중학교 수학으로 변신하는지 각 영역별로 몇 가지만 알아볼까요?

먼저 초등학교 3, 4학년에서 문제와 풀이, 이에 대응하는 중학교 문제와 풀이를 살펴보겠습니다.

- 초등학교 3학년 '식 만들기'

문제 : 어떤 수에 2를 곱하고 3을 더했더니 15가 되었다. 어떤 수는 얼마인가?

풀이 : 15에서 3을 빼면 12이고, 12를 2로 나누면 어떤 수는 6이다.

- 초등학교 4학년 '수직과 평행'

문제 : 직선 가와 라, 직선 나와 다는 서로 평행하다. ㉠과 ㉡의 크기를 구하시오.

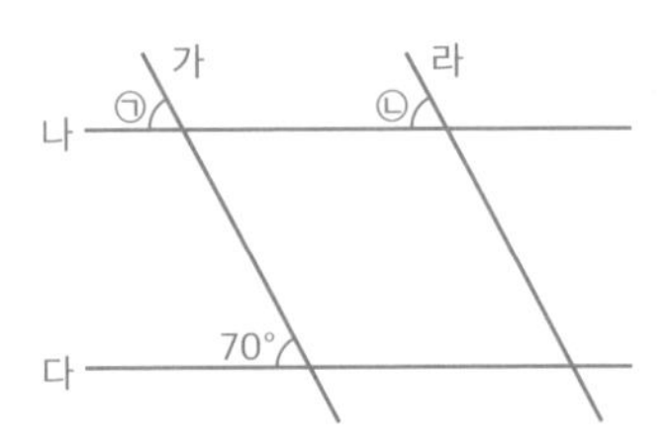

풀이 : 직선 나와 직선 다가 평행하므로 ㉠은 70˚, 직선 가와 직선 라가 평행하므로 ㉡은 70˚이다.

- 중학교 '일차방정식'

문제 : 다음 방정식의 해를 구하시오. $2x+3=15$

풀이 : 방정식 $2x+3=15$에서 3을 이항하면 $2x=15-3$, $2x=12$. 따라서 $x=6$이다.

- 중학교 '동위각, 엇각'

문제 : 다음 그림에서 $l//m$일때, $\angle x$의 크기를 구하시오.

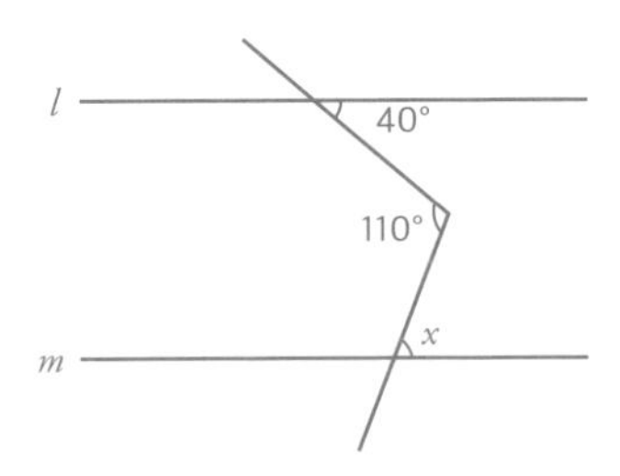

풀이 : 두 직선이 평행이므로 l과 m사이에 보조선을 하나 그어 구하면 $\angle x=70˚$이다.

어떤가요? 확장이 느껴지나요? 이제 초등학교 고학년인 5, 6학년 문제와 풀이를 중학교 문제와 풀이로 비교해 보겠습니다. 초등학교 수학이 중학교 수학에서 어떤 변화가 있는지 잘 살펴보기 바랍니다.

- 초등학교 5학년 '합동'

문제 : 두 사각형은 합동이다. 변 ㅁㅂ과 ㅁㅇ의 길이를 구하시오.

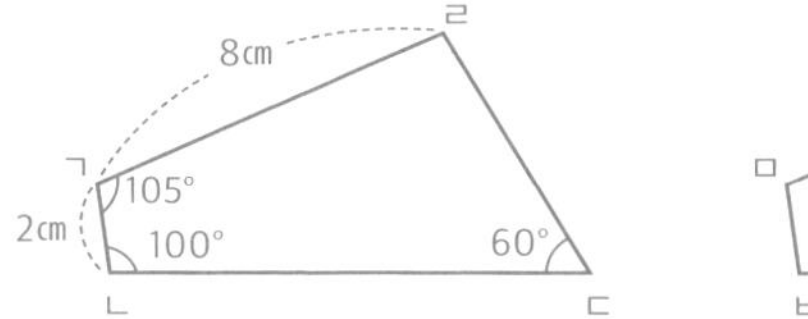

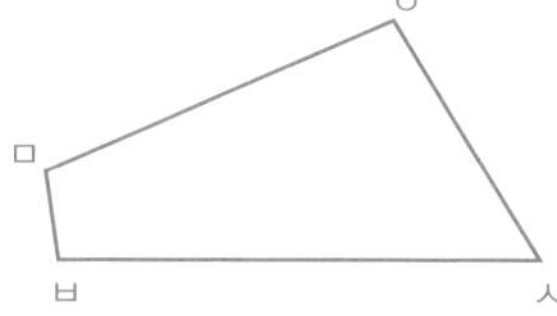

풀이 : 두 사각형이 합동이므로 변 ㅁㅂ의 길이는 2cm, 변 ㅁㅇ의 길이는 8cm이다.

- 초등학교 6학년 '각기둥과 각뿔'

문제 : 다음 각뿔의 이름을 말하시오.

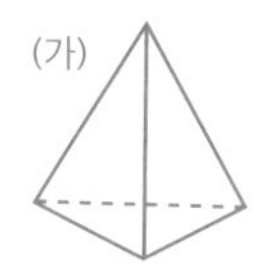

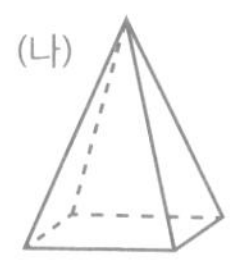

풀이 : (가) 삼각뿔,　(나) 사각뿔

- 중학교 '삼각형의 합동'

문제 : 다음 삼각형 중에서 서로 합동인 삼각형을 짝짓고 합동조건을 말하시오.

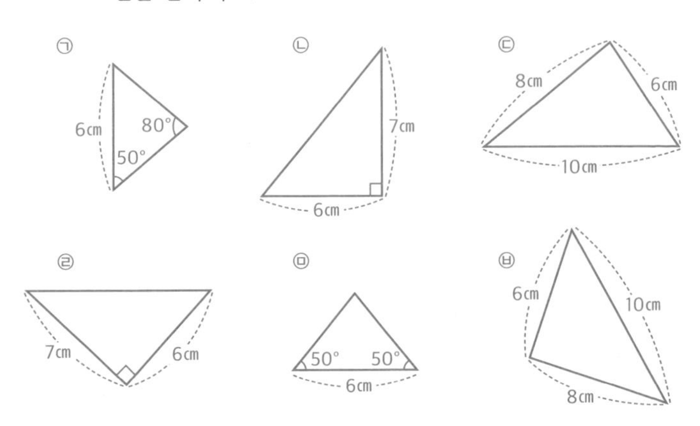

풀이 : ㉠과 ㉤ : 한 변의 길이와 양 끝각의 크기가 같다.(ASA)

㉡과 ㉣ : 두 변의 길이가 같고 끼인각의 크기가 같다.(SAS)

㉢과 ㉥ : 세 변의 길이가 같다.(SSS)

- 중학교 '입체도형'

문제 : 다음 입체도형의 이름을 말하시오.

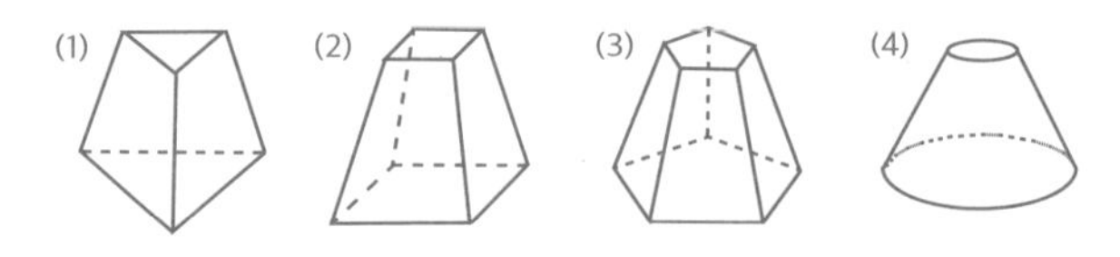

풀이 : (1)삼각뿔대 (2)사각뿔대 (3)오각뿔대 (4)원뿔대

그렇습니다. 앞의 문제와 내용에서 보듯이 초등학교와 중학교 수학은 별 차이가 없지요. 다만 중학교가 초등학교 수학보다 조금 더 어려운 용어와 기호를 사용한다는 점을 알 수 있습니다.

그런데 초등학교 수학과 중학교 수학의 가장 큰 차이는 어려운 용어의 사용보다는 눈에 보이지 않는 '수학적 추상화'에 있습니다. 초등학교 3학년 '식 만들기' 문제와 중학교 '방정식' 문제를 비교하면, 초등학교에서는 어떤 수, 즉 모르는 수를 □와 같은 기호를 사용하며 과정을 따라가면 답을 얻을 수 있지만, 중학교에서는 문자 x를 사용하여 눈에 보이지 않게 추상화한 차이를 알 수 있습니다. 단순히 □를 x로 표기했을 뿐인데 마치 외계인 언어로 변한 듯 차이를 보이지요.

종종 아이들 수학 문제로 학부모와 상담하면 이런 말을 듣습니다.

"우리 아이는 초등학교 때까지 수학을 잘했어요. 머리는 좋은데, 중학교부터 수학을 못해요."

맞는 말입니다. 우리가 말하는 머리 즉 IQ는 수학을 잘하기 위해 반드시 필요한 요소는 아닙니다. 요즘은 다들 머리가 좋아서 IQ가 모두 세 자리는 되는 듯합니다. 수학을 공부하기에 충분한 자질이지요. 그런데 왜 수학을 이토록 어려워할까요?

초등학교에서 수학을 잘하던 아이가 중학교에 들어가서 수학을 못하게 된다면, 가장 큰 이유는 바로 추상화, 즉 '수학적 사고'에 문제가 있기 때문입니다. 물론 일정 수준의 연산능력이 있어야겠지만 연산을 수학의 전부라고 생각하여 지속적인 반복과 끊임없는 선행학습으로 아이들은 그 또래에 당연히 거쳐야 하는 일명 '생각 키우기' 과정을 거치지 못합니다. 그래서 매번 반복하던 문제와 개념은 같지만 유형이 다른 문제를 제시하면 '이 문제는 처음 보는 것입니다'라고 말합니다. 이는 제시된 문제 상황을 이해하고 해결방법을 찾아가는 생각을 키워보지 못했기 때문에 발생하는 일이지요.

그래서 아이가 수학을 못하게 되는 가장 큰 원인은 바로 부모에게 있다고 생각합니다. 최근 미국의 한 연구에 따르면, 수학을 못하는 학생의 70퍼센트 이상이 집에서 부모로부터 수학을 배우고 있다는 놀라운 사실이 발표되었습니다. 부모에게 수학을 배우는 아이는 왜 수학을 못할까요?

사실 저도 제 아이들 수학을 집에서 직접 가르쳤습니다. 하지만 다른 사람과 마찬가지로 생각만큼 성공적이진 못했지요. 가슴에 손을 얹고 생각해 봅시다. 아이가 공부를 시작한 지 10분이면 십중팔구 부모는 화를 내고 아이는 울기 시작하지요.

둘 사이에 신경전과 싸움이 시작되고 마침내 연필을 던지며 '이럴 거면 하지 마!'라고 화를 내며 끝이 납니다.

부모는 조급한 마음에 아이에게 생각할 시간을 충분히 주질 못합니다. 이런 일이 반복되면 아이는 부모와 함께 수학 공부하는 시간은 정말 지옥처럼 느껴지고 마침내 생각의 문을 닫게 됩니다.

초등학교 수학과 중학교 수학의 차이점으로부터 학생들이 수학을 어려워하는 이유를 수학을 이해하지 못하는 경우와 수학적 기호를 이해하지 못하는 경우로도 나눌 수 있습니다. 수학적 기호는 이른바 수식이고 수식은 수학적 내용을 수학자끼리 알기 쉽게 교환하기 위한 일종의 도구이자 언어입니다. 즉, 사람들은 수학을 모르는 것이 아니라 수학의 '언어'인 기호에 대한 거부감 때문에 수학을 이해하지 못하는 것이지요. 그리고 사람들은 수학 기호를 알고 싶은 것이 아니라 수학적 내용을 알고 싶어 합니다.

수학적 언어는 초등학교에서 중학교, 중학교에서 고등학교 또 고등학교에서 대학교로 올라갈수록 점점 더 복잡해지고 어려워집니다. 수학적 언어가 복잡해지고 어려워지는 이유는 그 안에 품고 있는 내용이 많기 때문입니다. 수학은 무엇이든지 단순화하기를 좋아하기 때문에 매우 복잡하거나 어려운 상황을 간단히 표현하고 싶어 하지요. 수학을 잘하기 위해서는 점점 더 수학적 기호를 잘 이해해야 하고, 그러기 위해서는 수학적 추상화에 익숙해져야 합니다.

우리가 외국어를 배우는 이유는 외국어를 쓰는 사람들과 소통하기 위해서입니다. 예를 들어 독일 사람의 생각을 알고 싶을 때, 독일어 공부를 하지요. 처음에는 몸짓과 표정만으로도 그 사람의 생각을 읽을 수 있는 경우가 많습니다. 그러다 우리말로 번역된 독일에 대한 책을 읽으면 독일의 역사나 종교, 풍토, 사회구조 등을 알 수 있고, 그에 따라 독일인을 이해할 수 있게 되지요. 그런 뒤에 문법 등을 공부하면 훨씬 빨리 독일어에 능통할 수 있습니다.

수학도 마찬가지입니다. 먼저 수학적 기호에 익숙해지려 말고, 수학적 내용이 무엇인지부터 이해해야 합니다. 그러기 위해서는 수학에 대한 막연한 두려움이나 선입견을 없애는 다양한 종류의 수학 관련 책을 접하는 것도 한 가지 방법입니다.

많은 제자들을 양성했던 피타고라스도 제자들을 가르치기 전에 이해하는 것을 중요하게 생각했습니다. 피타고라스는 자신이 가르치는 제자가 지식의 깊은 의미를 이해하지 못하는 사람이거나, 그를 적절하게 지도해 주는 스승이 없다면, 지식은 그에게 아무 가치가 없고 오히려 해가 된다고 생각했습니다.

그래서 자신의 가르침을 글로 남기는 것을 허락하지 않았지요. 이런 이유로 인하여 그들에게 있어서 주의력과 기억력은 매우 중요한 요소였습니다. 피타고라스 학파는 가르침의 모든 것을 완벽히 암기하고 이해한 후에야 다음 단계를 공부할 수 있었지요.

그런데 사실 피타고라스가 이런 방식을 택할 수 밖에 없었던 이유는 따로 있었던 듯합니다. 당시 글을 쓸 때 필요한 재료가 충분치 않았지요. 종이도, 붓도, 잉크도 없었습니다. 결국 말로써 전달되므로 기억력은 매우 중요했던 능력이었지요.

기억력, 주의력을 키우기 위해 제자들은 아침에 눈을 뜨자마자 다음과 같은 경구를 읊었다고 합니다.

눈을 뜨자마자 해야 할 것은 오늘 해야 할 일을 차례대로 생각하는 것이다.

그리고 잠들기 전에는 다음과 같은 경구를 암송하며 하루를 반성하고 잠이 들었다고 하지요.

오늘 자신이 한 일을 세 번 되돌아보기 전에는 눈을 감고 잠들지 말라. 잘한 일은 무엇이고, 잘못한 일은 무엇인가? 또, 끝내지 못한 일은 무엇인가?

결론적으로 피타고라스의 교육 방법은 성공적이었고, 당시 피타고라스 학교는 훌륭한 철학자의 양성소와 같았습니다.

25

개념만 알아도 반이다

계산능력

수학 문제를 보면 숫자와 기호 또는 다양한 모양의 도형이 있습니다. 사람들은 수학 문제를 풀려면 머리가 아프고 어지럽다고 합니다. 설령 초등학교 때까지 수학을 좋아했어도 학년이 올라갈수록 점점 어려워지기 때문에 그만큼씩 싫어지고 멀어지지요. 점점 멀어지다 보면 결국 중학교나 고등학교에 올라가서는 수학을 포기하게 됩니다. 학년이 올라갈수록 수식은 복잡해지고, 넓이나 부피를 구하기 위해 각 도형에 맞는 공식과 단위 사이의 관계를 알아야 하니까요.

그런데 수학은 문제를 풀 때 실수를 하면 엉뚱한 답을 얻습니다. 도형의 넓이나 부피 등을 구하려면 알맞은 공식으로 식을 세울 수 있어야 하고, 문장제를 풀 때는 문제의 의도를 파악하고 식을 세울 수 있어야 합니다. 계산도 싫은데 문제의 의도를 파악하고 식을 세우라니 어려운 말이지요?

수학은 매순간 정확성을 요구하기 때문에 여러분은 수학책을 펴는 순간 숨이 '턱!' 막힐지도 모릅니다. 수학 시험도 공포 그 자체이고요. 평소에는 내용을 잘 이해하고 문제를 풀 실력도 충분하지만, 시험을 치르기만 하면 당황해서 간단한 덧셈이나 뺄셈조차도 실수하기도 합니다. 비단 수학뿐만 아니라 다른 과목에서도 일명 '시험 공포증'은 다 있기 마련입니다. 그러나 유별나게 수학에서 그런 현상이 두드러지는 이유는 무엇일까요?

수학은 마음을 차분하게 해야 문제의 실마리를 찾을 수 있고 생각도 잘 납니다. 당황해서 가슴이 콩닥콩닥 뛰니 문제의 의도를 파악하기는커녕 덧셈, 뺄셈, 곱셈, 나눗셈의 간단한 사칙계산도 틀리지요. 결정적으로 수학을 배워서 어디에 써먹는지 알 길이 없습니다.

우리나라 많은 사람들의 수학 공부의 발달 과정을 보면서, 여러분의 마음이 왜 이렇게 되었는지 살펴보겠습니다.

많은 사람들은 초등학교에 들어가기 전부터 수를 익히고 셈을 배우기 시작합니다. 이렇게 짧은 선행학습을 한 뒤에 초등학교에 들어가면 학기당 4~5권의 문제집을 풀지만 요란하게 시작한 수학 공부는 들이는 노력과 시간, 비용에 비하여 성적은 기대에 한참 못 미칩니다. 그나마 초등학교 때는 계산이 많기 때문에 개념을 정확하게 이해하지 못해도 어느 정도 괜찮은 성적을 얻을 수 있습니다. 연산 위주의 초등학교 수학에서는 개념 원리를 중요시하지 않고 문제의 유형만을 학습해도 우수한 점수를 얻을 수 있지요.

초등학교 고학년이나 중학생이 되면 개념과 원리를 정확히 알아야만 문제를 해결할 수 있기 때문에 드디어 수학의 함정에 빠집니다. 성적은 곤두박질치고 너나 할 것 없이 수학에 혀를 내두르게 됩니다.

사람들은 '계산 능력은 수학 실력'이라고 생각하지요. 초등학교 저학년일 때는 계산 능력이 곧 수학 실력이었습니다. 그러나 학년이 올라갈수록 계산 능력이 차지하는 비중은 점점 줄고 수학적 개념과 원리가 필요하게 됩니다.

수학은 건물을 짓듯 차례를 지키며 벽돌을 쌓아가는 과목입니다. 초등학교에서 개념을 중요하게 여기지 않고 당장의 시험 점수에 연연해 단순 반복 계산과 유형만을 공부했기 때문에 수학의 기초는 마치 모래밭 위에 지어진 건물처럼 부실하기만 합니다. 모래밭 위에 지어진 건물은 점점 '어떻게'에서 '왜'를 먼저 생각해야 하는 중·고등학교에서 여지없이 무너져 버리지요.

그렇다면 수학의 개념과 원리를 어떻게 습득해야 좋을까요? 개념과 원리를 습득하는 방법에는 설명, 질문, 토론, 탐구 등 다양한 방법이 있으므로 학생의 수준과 성향, 그리고 수학의 내용에 따라 적절한 방법을 고르면 되는데, 기본적으로 교과서를 잘 활용해야 합니다. 시중에 넘쳐나는 각종 문제집과 수학 참고서는 수학의 내용에 대한 개념을 제대로 설명해 주지 않습니다. 비록 '개념 정리'라는 부분이 있더라도 개념을 이해하기 위한 부분이 아니라 교과서에 나온 개념을 그저 공식처럼 외우라는 지침에 불과합니다. 수학의 개념을 이해하고 그 원리를 활용할 수 있다면 그 뒤로는 문제집을 얼마나 풀었는지 '양'에 대해서는 무시해도 됩니다. 수학에서 문제 풀이의 양은 유형을 익히는 것인데, 유형은 개념만 확실하게 정립된다면 어렵지 않기 때문이지요.

개념과 유형의 차이를 쉽게 예를 들어 보겠습니다.

유명한 여자 연예인 A가 있습니다. 그녀는 어느 날 노란 점퍼를 입고 외출했고, 다음 날 검은 정장을 입고 나갔습니다. 그 다음 날에는 파란 바지를 입고 선글라스를 끼고 외출했고, 네 번째 날에는 붉은색으로 머리카락을 염색하고 외출했습니다. 하지만 사람들은 단번에 그녀가 연예인 A임을 알았습니다. 여러 옷과 머리, 액세서리로 변신을 한 그녀를 사람들은 어떻게 알아봤을까요?

이유는 사람들에게 그녀가 무슨 옷을 입든, 어떤 선글라스를 끼든, 머리를 어떻게 하든지 관계없이 그녀에 대한 이미지가 명확하기 때문입니다. 이후로도 연예인 A가 어떻게 변신하든지 사람들은 항상 그녀를 알아볼 수 있지요. 이것이 바로 연예인 A에 대한 개념입니다. 그녀가 입고, 끼고, 물들이고 등장했던 변화는 모두 유형입니다.

수학도 마찬가지입니다. 수학 내용에 대한 정확한 개념이 머릿속에 그려져 있다면 문제의 유형이 어떻게 바뀐다고 하더라도 그것이 무엇을 어떻게 하라는 문제인지 정확하게 알 수 있습니다. 그리고 정확한 수학 개념을 가질 수 있게 돕는 가장 좋은 책은 바로 교과서이지요.

반면 각종 참고서와 문제집은 바로 연예인 A의 변신과 같은 유형을 공부하는 셈이지요. 한 번 심어진 개념은 유형이 어떻게 변해도 원리는 같으므로 문제의 유형이 아무리 바뀌어도 풀 수 있습니다. 그래서 우리가 개념을 바로 세우면 고등학교까지의 수학 내용을 무리한 선행학습으로 미리 배우고 남은 기간을 그렇게 많은 문제집을 풀 필요가 없지요.

26

수학은 어렵지 않다는 생각

추상화

미국의 '수학교사모임(NCTM)'에서 여러 학자가 '수학에 필요한 소질은 무엇인가?'라는 문제를 연구한 끝에 흥미로운 결론을 얻었습니다. 그들이 얻은 결론은 다음의 네 가지 능력입니다. 이 능력만 있으면 필즈상은 탈 수는 없겠지만, 수학 시험은 충분히 해낼 수 있으니 용기를 가지세요.

다음 네 가지를 할 수 있는지 확인해 보세요. 할 수 있다면 충분히 수학에서 만점을 받을 수 있을 것입니다.

첫 번째, 신발장에 자신의 신발을 바르게 넣을 수 있나요?

신발장에 자신의 신발을 어김없이 넣을 수 있는 능력은 수학의 기본 원리인 일대일대응을 이해한다는 뜻이지요. 우리는 일대일대응으로 물건의 개수를 정확히 셀 수 있고 무한에 관한 개념을 형성하여 함수 등과 같은 복잡한 수학적 내용으로까지 생각의 폭을 넓힐 수 있게 됩니다.

일대일대응은 수학에서 수보다 먼저 등장한 개념으로 매우 유용한 개념입니다. 옛날이야기를 예로 들어 보겠습니다.

어느 마을에 누구나 장가가고 싶어 하는 아름다운 외동딸을 둔 부자가 있었다. 딸이 시집갈 나이가 되자 부자는 딸의 남편감으로 똑똑한 사람을 고르기로 했다. 부자가 똑똑한 사윗감을 고르고 있다는 소문은 동네에 퍼졌고 인근 마을에서까지 자칭 똑똑하다고 하는 총각들이 모여들었다. 그러자 부자는 그들에게 문제를 하나 냈다.

"뒷산에는 세 가지 굵기의 소나무 여러 그루가 있다. 굵은 것, 중간 것, 가는 것이 각각 몇 그루인지 먼저 정확하게 맞춘 사람을 사위로 삼겠다."

총각들은 너도나도 모두 뒷산으로 달려갔는데 그곳에는 소나무가 너무 많았다. 소나무를 하나하나 세보면 어느 나무를 셌는지, 세지 않았는지 헛갈렸다. 결국 사람들은 세다가 포기하고 돌아섰다. 하지만 똑똑한 돌쇠는 길이가 긴 것, 중간인 것, 짧은 것으로 묶음 지어진 세 다발의 새끼줄을 가지고 가서 소나무마다 줄을 묶기 시작했다. 소나무의 줄기가 굵은 것에는 긴 줄을, 중간 줄기에는 중간 줄을, 가는 줄기에는 짧은 새끼줄을 묶었다. 소나무에 묶기를 끝낸 돌쇠는 새끼줄의 각 묶음에 남은 줄을 세더니 소나무의 굵기대로 정확하게 몇 그루씩 있는지 말했다. 결국 돌쇠는 아름다운 아가씨와 결혼을 해서 행복하게 잘 살았다.

위의 이야기에서 돌쇠가 활용한 것이 바로 일대일대응입니다. 예를 들어 길이가 다른 세 종류의 줄을 각각 100개씩 준비하였을 때, 소나무에 줄을 모두 묶은 후 남은 긴 줄은 20개, 중간 줄은 25개, 짧은 줄은 30개라면 그 산에 있는 소나무는 굵은 것이 80그루, 중간 것이 75그루, 가는 것이 70그루가 됩니다. 돌쇠는 새끼 줄 하나와 소나무 한 그루씩을 일대일로 대응시켜 개수뿐만 아니라 굵기까지 정확하게 알 수 있었지요. 이렇게 일대일대응은 수를 사용하지 않고도 물건을 분류하고 수량을 알 수 있는 중요한 개념입니다.

두 번째, 요리책의 설명대로 간단한 요리를 만들 수 있나요?

문제 해결의 순서와 단계를 이해할 수 있는지 묻는 말입니다. 예를 들어 라면을 끓이려면 재료를 준비하고, 준비된 재료를 어떤 순서로 끓일지 순서와 단계를 알고, 여러 판단을 하는 능력과 관찰력이 필요합니다.

라면을 끓이기 위해 가장 먼저 할 일은 적당량의 물을 끓이는 일입니다. 그리고 물이 끓으면 라면을 넣어야 하지요. 라면을 끓이기 위해서도 지켜야 할 순서와 단계가 있습니다. 그리고 이런 순서와 단계를 이해할 수 있다면 수학도 잘할 수 있다고 보지요.

수학에서 괄호가 있는 덧셈, 뺄셈의 경우 괄호 안을 먼저 계산하고, 곱셈과 나눗셈이 있는 경우는 그냥 차례대로 하면 됩니다. 이를테면 $2\times(3+4)$를 계산할 때 괄호를 먼저 계산하면 $2\times7=14$입니다. 하지만 순서를 무시하고 곱하기를 먼저 하면 $2\times3+4=6+4=10$이라는 엉뚱한 답을 얻게 됩니다. 또 $4\div2\times3$은 앞에서부터 차례로 계산하여 $4\div2\times3=2\times3=6$이 올바른 풀이지만 순서를 바꾸어 곱하기를 먼저 하면 $\frac{4}{6}=\frac{2}{3}$이라는 틀린 답을 얻게 됩니다. 따라서 요리할 때와 마찬가지로 수학에서 문제 해결의 순서와 단계를 이해하는 일은 매우 중요하지요. 사실 요리는 수학보다 훨씬 어려우며 미묘한 손끝 맛이 필요하지요. 그렇게 따지면 수학이 요리보다 쉽지 않은가요?

세 번째, 사전에서 단어를 찾을 수 있나요?

요즘은 인터넷의 발달로 사전이 거의 사라졌지만, 인터넷에서도 단어를 찾으려면 사전과 마찬가지로 한글의 경우 자음과 모음, 영어의 경우 알파벳을 차례대로 입력해야 합니다. 사전에서 단어를 찾을 수 있다는 말은 수의 여러 진법, 대소, 순서 관계를 이해하며 다양한 조합을 알고 있다는 뜻입니다. 이를테면 28개의 자음과 모음이 순서대로 나열된 국어사전을 사용하여 모르는 단어를 찾으려면, 자음과 모음의 순서와 그들의 조합을 이해하고 있어야 하지요. 이와 같은 내용은 집합과 순열, 그리고 조합의 내용이며 이는 확률과 통계 분야의 기본입니다.

네 번째, 간단한 약도를 그릴 수 있나요?

눈에 보이는 대상을 머릿속에서 추상화해 다시 표현할 수 있는지 묻는 말입니다. '추상'은 두 마리의 토끼와 두 개의 사과에서 2를 뽑아내는 능력과도 같습니다. 대부분 수학을 싫어하는 가장 큰 이유가 이러한 추상성 때문입니다.

예를 들어 1+2가 얼마인지 계산하는데, 구체적인 물건은 보이지 않습니다. 또 1이나 2라는 수는 물건의 개수를 나타내기 위해 약속한 기호에 불과합니다. 따라서 눈에 보이는 1과 2 같은 숫자도 사실은 이미 추상화된 것이지요. 즉, 수학은 처음부터 눈에 보이는 구체성을 띄거나 만질 수 없는 추상성을 다루고 있습니다. 약도는 3차원 공간을 2차원 종이 위에 나타낸 것이고요. 공간을 축소해서 목적지가 되는 위치를 도식화하여 적절하게 나타낼 수 있다면 충분한 추상적 능력을 갖추었다고 볼 수 있지요.

초등학교 때는 수학을 잘하던 사람이 중학교, 고등학교로 올라가면서 수학을 어려워하는 경우도, $a+b$ 또는 $y=ax$와 같은 추상적인 문자와 기호가 등장하기 때문입니다. 처음부터 주어진 문제를 이해하고 그 문제에 해당하는 적절한 그림을 그려 해결하는 연습을 한다면 문제와 내용이 아무리 추상화되었더라도 이미 여러분의 머릿속에서는 그림을 그려지겠지요.

따라서 약도를 그릴 수 있는 능력은 좌표평면과 함수의 그래프와 같은 추상적인 내용뿐만 아니라 평면도형이나 입체도형을 다루는 기하학과도 밀접한 관련이 있습니다.

어떤가요? 수학이 아직도 어렵나요? 우리는 다만 수학을 '생각'하지 않았을 뿐입니다.

27

수학을 잘하는 의외의 방법

이해력

지금까지 수학을 잘하는 데 필요한 생각이 간단하다고 이야기했는데, 혹시 아직도 어렵나요? 아마 아직도 머릿속에 '수학은 원래 어려운 것'이라는 생각이 깊숙이 박혀 있기 때문일 것입니다.

어릴 때부터 부모님의 강요로 학원에 다니고, 남들보다 조금 앞서가기 위해 선행학습을 했으니까요. 그런데 먼저 배우다 보니 학교 수업시간에 공부하는 내용은 다 아는 내용이라고 생각하고 주의를 기울이지 않게 되지요. 그러면 다시 더 좋은 학원, 더 잘 가르친다고 소문난 과외 선생님을 찾게 되고, 선행학습과 반복 학습은 이어집니다. 돈은 엄청나게 들였지만 악

순환이 되풀이되며 수학을 점점 어려워하고 흥미를 잃기 마련입니다. 사실 자신의 수준에 맞지 않는 과도한 선행 학습은 수학을 망치는 지름길입니다. 선행 학습을 하면 개념과 원리를 이해하는 것이 아니라 수학 용어를 미리 듣는 정도가 됩니다. 정작 개념과 원리를 배우는 학교 수업시간에는 다 알고 있는 내용을 반복한다고 착각하고 집중을 하지 않게 되지요. 수학을 향한 거부감을 없애기 위한 첫걸음은, 수학이 바로 우리 곁에 있다는 사실을 알아야 합니다.

우리 주변은 온통 수학으로 가득 차 있습니다. 식당에 접힌 냅킨에서부터 버스나 전철의 노선, 거리의 보도블록, 여러 식물의 성장 등은 우리가 알아채지 못하고 있었을 뿐, 모두 수학으로 이루어져 있지요. 어떤 경우는 고등학교 수준도 뛰어넘는 대단히 복잡하고 어려운 수학이 필요하지만, 어떤 것은 초등학교에서 배운 수학만으로도 원리를 이해할 수 있습니다.

사람들은 어떻게 하면 수학을 잘할 수 있을지 궁금해합니다. 한 가지 방법 중에 "책을 읽으세요"라는 답을 줄 수 있겠네요. 수학을 잘할 수 있는 비결은 '이해력'을 기르는 것인데, 독서야말로 이해력을 기르는 가장 좋은 방법이기 때문이지요. 특히 스스로 수학에 관련된 책을 읽고 수학적 원리를 이해한다면 수학 공부는 자연스럽고 흥미로워질 것입니다.

옛말에 '책은 가장 좋은 스승'이라는 말이 있지요? 수학도 글을 잘 읽어야 합니다. 수학에서도 '문제가 요구하는 것은 무엇인가?'를 바로 이해해야 하므로 읽기가 매우 중요하지요.

2011~2015년 사이에 경제협력개발기구(OECD)가 31개국 성인 16만 명을 대상으로 국제성인역량조사(PIAAC)를 했습니다. 그중 질문 하나가 '당신이 16세였을 때, 집에 책이 몇 권 있었나요? 신문, 잡지, 교과서, 참고서는 제외한 책을 대상으로 답해 주세요'였지요. 이것을 분석한 결과, 에스토니아가 가구당 평균 218권으로 최고였고, 반면 터키가 27권으로 가장 낮았고 한국은 아쉽게도 91권으로 책을 적게 갖고 있는 여섯 번째 국가였습니다. 전체 평균은 115권이고요.

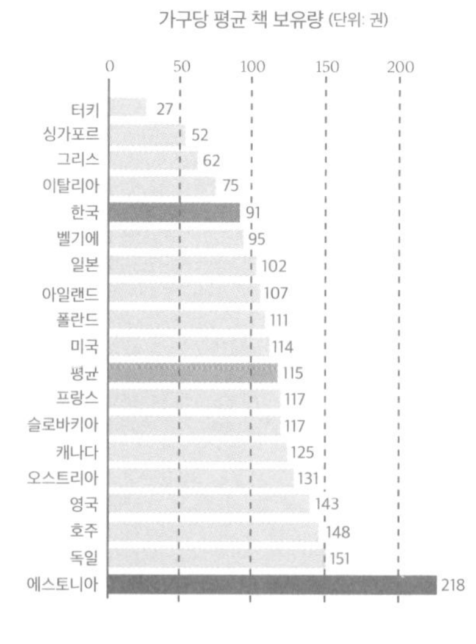

가구당 평균 책 보유량에서 평균 115권이고, 우리나라는 91권으로 저조한 성적을 보인다.

자료: 소셜 사이언스 리서치

이 연구에 따르면 청소년기에 책에 노출되면 인지능력 발달에 전반적 영향을 미치는데, 그 효과는 언어능력, 수리능력부터 기술문제 해결능력까지 걸치게 됩니다. 그림에서 보듯이 65권 정도까지는 가파르게 인지능력이 상승하고, 대략 350권이 넘어서면 그 뒤로는 거의 영향을 미치지 못합니다. 그러니까 책이 아주 많을 필요는 없지만 책이 거의 없으면 상당한 문제가 되지요.

책이 많은 집 아이가 성인이 된 뒤에 인지능력이 좋다는 뜻은, 사실 '고학력 부모가 교육을 많이 시켜서' 또는 '부유한 부모가 교육비를 많이 써서' 등의 영향 때문일 수도 있다고 생각할 수 있습니다. 하지만 다음 그림은 이런 효과를 다 제거한 이후 책 보유 규모의 효과를 측정한 것입니다.

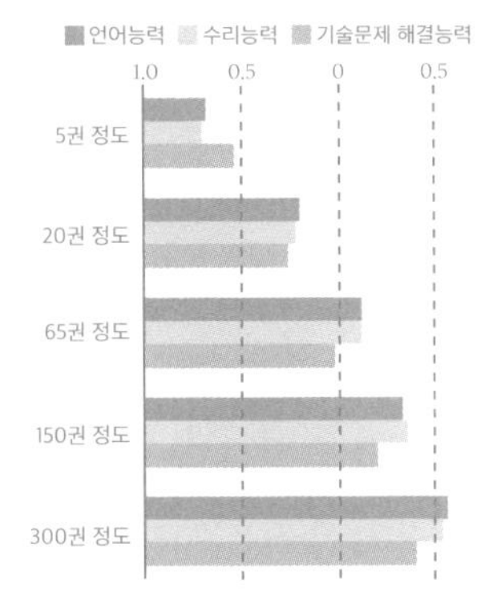

청소년기에 가정에 책이 몇 권이나 있는지에 따라 언어, 수리, 기술문제 해결능력에 차이를 보인다.

자료: 소셜 사이언스 리서치

어떤 사람은 책을 사는 것이 취미일 수도 있고, 책을 장식용으로 사는 사람도 있겠지요. 그러나 앞에서 소개한 연구에 따르면 집에 책을 쌓아 두는 일은 허영 이상의 효과가 있음을 알 수 있습니다. 아이들이 책에 노출되는 것만으로도 인지능력이 개선되고 성인이 된 뒤의 소득이 높아진다면 꽤 괜찮은 투자가 아닐까요?

당연하지만 책을 많이 보유해도 책을 읽지 않는다면 모두 소용없는 일입니다. 아이들이 책을 많이 읽게 하려면 어떻게 해야 할까요? 아주 간단하게 정리하면 세 가지만 하면 됩니다.

첫째, 아이들의 손에 닿는 곳에 책을 놓아두어야 합니다. 책은 장식품이 아닙니다. 손에 닿는 곳에 책을 두면 오며 가며 관심을 갖게 되지요. 둘째, 아이들이 책을 선택할 수 있게 해야 합니다. 보통은 부모가 좋다고 생각되거나 꼭 읽히고 싶은 책을 아이들에게 강권하는 경우가 대부분입니다. 하지만 아이가 흥미를 갖는 책을 스스로 선택한다면 즐거운 독서가 됩니다. 아이들이 독서에 관심을 갖게 하는 세 번째 방법이 사실 가장 중요합니다. 바로, 부모도 아이와 함께 책을 읽는 것입니다. 아이에게만 책을 읽으라고 하고 부모는 텔레비전이나 스마트폰에 빠져 있다면, 아이는 독서에서 점점 멀어집니다. 반드시 부모가 함께 책을 읽어야 아이들도 자연스럽게 책을 읽게 되지요. 아이에게만 책을 던져 주고 부모는 책을 읽지 않으면 마치

게가 자신은 옆으로 걸으면서 새끼에게 똑바로 걸으라는 것과 같지요.

마지막으로 수학 실력을 높이는 비장의 무기가 있습니다. 수학능력시험이 끝나고 고득점을 받은 학생들을 인터뷰하는 방송을 자주 보게 되는데, 그때마다 고득점자들이 하는 공통적인 답변을 기억하나요?

"교과서 위주로 공부했어요."

우리는 '방송용 멘트'라고 여기지만 이 말은 사실입니다. 교과서만큼 수학적 개념을 잘 설명한 책은 없습니다. 시중에 나온 유명한 책들도 개념 설명은 하지만, 그런 책에 나온 개념 설명은 수학을 공부하는 학생들에게 '수학의 개념'이 아닌 '암기할 요소'에 불과합니다. 개념이 나온 이유와 쓰임새를 생각할 필요 없이 무작정 암기해야 할 내용이지요. 이렇게 암기한 내용은 문제에서 제대로 활용할 수 없습니다. 교과서만이 개념이 등장한 이유와 어떤 문제를 해결할 때 어떻게 이용하는지 자세히 설명해 줍니다.

그렇다면 교과서는 왜 개념 위주로 만들어졌을까요? 교과서가 만들어지는 과정을 살펴보면 그 이유를 알 수 있습니다.

교과서는 학년마다 알맞게 구성된 교육과정을 정하고, 분석하여 책에 어떤 내용을 담아야 하는지 해설을 덧붙입니다. 각 출판사에서는 교과서를 만들기 위해 해당 분야에서 교육 경력이 상당한 교수와 교사를 섭외하지요. 해당 분야에서 상당한 능력이 있다고 판명되어 출판사로부터 교과서 제작에 참여해 달라고 요청받은 전문가만이 교과서 저자로 활동할 수 있지요(저는 2007년부터 교과서 저자임을 살짝 밝혀 두겠습니다). 심사에 통과되고 검증된 전문가가 참여해 교육 과정을 연구하고 분석해 교과서 한 권의 내용을 완성하기까지 꼬박 1년 정도 걸립니다.

교과서가 완성되면 이제는 교육부로부터 교육과정을 제대로 반영했는지, 내용은 충실한지, 디자인은 보기 편한지 등 여러 심사를 받지요. 이때도 교과서를 심사할 전문가를 모집하여 교과서의 전문 내용뿐만 아니라 소재와 단어의 선택과 표현 그리고 토씨 하나까지 매우 꼼꼼하게 심사합니다. 마침내 교육부에서 실시하는 여러 차례의 엄격한 심사를 통과한 교과서만이 학생에게 전달됩니다. 이를테면 전문가 심사에서 A 교과서에 방정식의 개념이나 활용에 문제점이 있다고 판단되면 A 교과서는 시중에 출판되어 나올 수 없이 바로 폐기됩니다. 이러한 모든 과정은 약 2년에 걸쳐 실시됩니다. 심사에 통과한 이후에도 작은 문제점이라도 발견되면 수시로 수정 보완해야 하지요.

교과서는 이런 과정을 거치지만 시중에 나와 있는 각종 자습서, 참고서, 문제집 등은 이런 엄격한 과정을 거치지 않습니다. 물론 해당 분야의 전문가가 원고를 작성하고 출판사의 편집부에서 꼼꼼하게 검토하겠지만 교과서를 만드는 과정에 비교할 수는 없겠지요. 그러니 교과서 위주로 공부했다는 고득점자의 말은 틀린 말이 전혀 아니고, 오히려 교과서를 중심으로 공부해야 고득점을 맞을 수 있는 셈입니다.

결국 수학 실력을 높이려면 책을 많이 읽고, 교과서로 꾸준히 공부하는 아주 간단한 방법이 여러분 앞에 있습니다. 수학, 아직도 어렵다면 지금부터라도 교과서를 꼼꼼하게 읽고 문제를 풀기 바랍니다.

28

하나를 알았다면 열이 보인다

규칙성

“위대한 발견은 큰 문제를 해결하며, 어떤 문제의 풀이에서도 발견의 실마리는 찾을 수 있다. 만일 그 문제가 당신의 호기심을 자극하고 당신의 재능을 필요로 하여 당신만의 방법으로 풀게 된다면, 당신은 발견에 대한 흥분과 승리의 기쁨을 경험하게 될 것이다.”

우리 시대의 위대한 수학 교육자였던 폴리아가 한 말입니다. 폴리아는 수학 교육자였지만 그의 연구와 활동은 비단 수학에만 영향을 미치지는 않았지요.

수학적 개념의 깊이 있는 이해와 활용, 합리적인 문제 해결 능력과 태도는 모든 교과를 성공적으로 학습하는 데 필수적일

뿐만 아니라 개인의 전문적인 능력을 향상시키고 민주 시민으로서 합리적 의사결정 방법을 습득하는 데에도 필요합니다. 사실 '수학적 사고력'은 오랜 역사를 통해 인류 문명에 지적인 동력으로서 역할을 해 왔으며, 미래의 지식 기반 정보화 사회를 살아가는 데 필수적입니다.

수학이 문제를 해결한다는 뜻은 주어진 어떤 문제를 푸는 일과는 다른 의미입니다. 포괄적으로 말하면 문제 해결은 습득한 원리를 응용해 당면한 다양한 문제의 해결 방안을 발견하는 것이라고 할 수 있지요. 새로운 원리를 형성하기 위해서는 기존의 원리를 조합해 문제를 해결하기 위한 아이디어를 찾아내야 한다는 뜻입니다. 그러므로 이 과정에서 반드시 개념학습과 원리 학습이 요구되며, 이러한 과정이 이루어진 뒤에 문제 해결 학습이 가능해지겠요.

그렇다면 문제를 해결하기 위해 무엇이 필요할까요? 기본적으로 '수학 지식'이 바탕이 되어야 합니다. 그리고 주어진 문제를 해결하기 위해 문제를 해결하는 사람이 수학자처럼 스스로 자신에게 발문하고 해결할 수 있는 과정을 거쳐야 합니다. 수학자처럼 그 문제에 합당한 수학적 문제를 제기하고, 재점검하고, 새로운 아이디어를 생각해 내야 하지요. 경우에 따라 그 아이디어는 종전에 어디에도 나타나지 않은 전혀 새로운 것이기도 합니다.

폴리아는 수학적 내용을 이해하기 위해 그것이 어떻게 발견되었는지를 알아야 한다고 했습니다. 단지 지식을 가르치는 일보다는 '발견의 과정'을 강조해 문제 해결력을 키워야 한다고 했지요. 이를 위하여 그는 자신의 유명한 책인 《어떻게 풀 것인가?》에서 네 가지의 문제 해결 전략을 제시했습니다.

첫 번째 단계는 '문제의 이해'로 문제를 읽고 이해하여야 한다는 것입니다. 그런 다음 스스로 다음과 같은 질문을 합니다.

· 알려져 있지 않은 것은 무엇인가?
· 어떤 자료들이 있는가?
· 주어진 조건은 무엇인가?
· 도달해야 할 목표가 무엇인지 아는가?
· 비슷한 문제를 본적이 있는가?

문제의 이해를 위하여 그림을 그리고, 그것을 이용하여 이미 주어진 자료를 이용하는 것도 유용한 방법입니다. 아울러 적절한 기호를 도입하는 것도 필요합니다.

두 번째 단계는 '해결계획의 작성 단계'입니다. 주어진 자료에서 알려져 있지 않은 것과 알려져 있는 것을 분석해 둘 사이의 관련성을 찾아야 합니다. 이를 위하여 피교육자는 교육자에게 어떻게 이들을 관련시킬지에 대한 질문을 자주하는 것이 중요합니다. 또한 추측하기, 변수 사용하기, 패턴 찾기, 목록 만들기, 유사 문제 풀기, 그림이나 도표 이용하기, 거꾸로 풀기, 몇 가지 경우로 나누어 생각하기, 부분 목표 찾기 등을 전략으로 이용할 수 있지요.

문제 해결을 위한 세 번째 단계는 '계획의 실행'입니다. 두 번째 단계에서 계획이 수립되면 이를 실행하여야 하는데, 계획을 실행할 때 각 단계별로 점검하여 각 단계가 '참'이라는 사실을 증명하는 세부 사항을 작성해야 합니다. 그리하여 문제를 풀 때까지, 또는 다른 방도가 생길 때까지 선택한 전략을 수행합니다. 그러기 위해서는 충분한 시간이 필요합니다. 그러나 이런 전략에도 해결의 실마리를 발견할 수 없다면 다른 실마리를 찾거나 해결하려는 문제를 잠시 접어 두시기 바랍니다. 오히려 시간을 두고 새로 시작하면 새로운 아이디어가 떠올라 문제가 해결되는 경우가 많습니다.

폴리아가 제시한 문제 해결의 마지막 단계는 '반성'입니다. 문제를 해결했다면 그 풀이를 점검하는 편이 좋습니다. 부분적으로 풀이에 오류가 있는지, 또는 문제를 해결하는데 좀 더 쉬운 방법을 생각할 수 있는지를 알아보는 일은 매우 중요한 과정이지요. 따라서 반성은 문제의 해법에 익숙해지고 앞으로 문제를 푸는데 유용할 수 있습니다.

유명한 수학자이자 철학자인 데카르트(Descartes)는 이렇게 말했습니다.

"내가 풀었던 모든 문제가 다른 문제를 푸는 데 유용한 규칙이 되었다."

대개 해결해야 할 과제는 말이나 수식 또는 문장으로 주어집니다. 따라서 문제를 해결하기 위해서는 우선 주어진 문제를 수학 기호와 수학적 언어를 사용한 수학 문제로 바꾸어 풀고, 다시 그 답을 원래의 취지에 맞도록 해석해야 합니다.

앞에서 제시된 4단계를 바탕으로 문제 해결에 관한 내용을 도식화해 보면 감이 오나요?

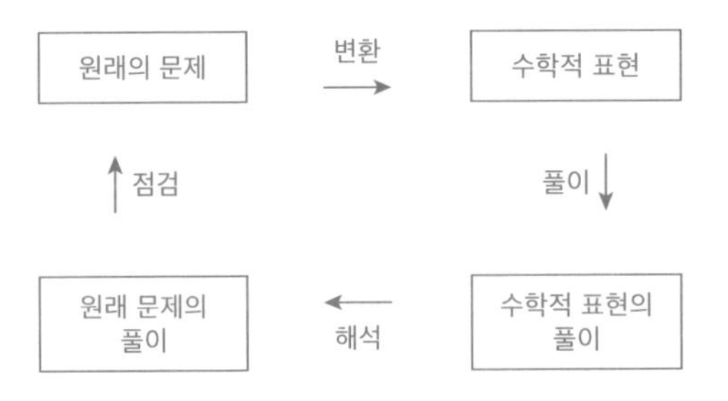

문제를 해결하는 데 성공을 확신하는 명확한 규칙은 없습니다. 그러나 문제 풀이 과정에 몇 가지 일반적인 단계의 윤곽을 말하고 어떤 문제의 풀이에서 몇 개의 원리를 이용하기는 가능하지요. 비록 수학을 이용하여 설명했지만 어느 분야든지 가르치는 기술은 발견을 돕는 기술이라고 할 수 있습니다. 따라서 앞에서 제시한 전략을 적용하면 학습 능력 향상은 물론, 일상생활에서도 좋은 결과물을 기대할 수 있을 것입니다.

• 피타고라스의 생각

수학으로 철학을 했던 사람

피타고라스는 지혜를 사랑한다는 뜻의 '철학(Philosophy)'라는 말을 처음으로 사용했으며, 자신을 '철학자(Philosopher)'라고 부른 첫 번째 사람이다. 그는 철학의 목적은 '자신이 스스로 설정한 경계로부터 정신을 자유롭게 하는 것'이라고 했고, 진정한 지식이 무엇인가를 다음과 같이 올림픽 경기에 비유하여 설명했다.

올림픽 경기에는 세 가지 등급의 사람들이 몰려든다. 가장 낮은 등급은 올림픽 동안 돈을 벌기 위하여 장사하는 사람으로 이들은 자신의 이익만을 추구한다. 두 번째 등급은 올림픽에 참가한 선수로 이들은 자신의 힘을 과시하고 명예를 얻으려고 한다. 피타고라스가 생각한 가장 높은 등급은 올림픽 경기를 구경하러

온 사람으로 이들은 주변의 경치와 운동경기를 관람하고, 현재 일어나고 있는 일을 분석하고 토론하며 반성하고, 자연과 예술의 아름다움을 이해하려고 한다. 이처럼 올림픽 경기에는 다양한 사람이 몰려드는데, 어떤 이는 부와 사치를 구하고, 어떤 이는 힘과 권력을 좇아간다. 그러나 가장 순수하고 가장 진실한 사람은 지식을 구하는 사람으로 피타고라스는 이런 사람을 철학자라고 했다.

피타고라스가 철학을 다루는데 가장 중요하게 생각한 것은 '수학적 관점'이었다. 그는 수학적 관점을 네 가지로 나누었고, 이것에 대하여 다음과 같이 말했다.

"산술, 음악, 기하학 그리고 천문학은 지혜의 근본으로 1, 2, 3, 4의 순서가 있다."

피타고라스에 의하면 산술은 수 자체를 공부하는 것이고, 음악은 시간에 따른 수를 공부하는 것이고, 기하학은 공간에서 수를 공부하는 것이며, 천문학은 시간과 공간에서 수를 공부하는 것이다.

피타고라스는 이러한 생각을 바탕으로 제자를 가르치는 교육 과정을 만들었다. 산술로 시작되는 교육 과정은 음악, 기하학,

천문학, 신학, 의학 그리고 정치학으로 진행되었다. 이와 동시에 이런 지식을 얻는데 기본이 되는 논리학, 해석학 그리고 어원학도 가르쳤다.

피타고라스는 모든 세부적인 수업 내용 중에서도 단지 배움 그 자체의 중요성을 강조했다. 그는 이성을 발전시키려는 노력을 중요시하며, 부, 권력, 명예, 아름다움 그리고 체력과 같은 것보다 더 중요한 가치를 지닌 지식의 여섯 가지 장점에 대하여 다음과 같이 말했다.

첫째, 철학자가 발견한 진리는 인류의 공동자산이므로 지식은 개인적인 이익이 될 뿐만 아니라 사회적으로도 이익이다.

둘째, 우리에게 지식이 없으면 다른 선이 주는 혜택을 누릴 수 없다.

셋째, 지식은 사용하거나 남에게 전해도 줄어들지 않는다.

넷째, 평범한 사람은 타고난 환경과 소질 때문에 부나 권력에 다가가기 힘들지만 지식에는 제한이 없다.

다섯째, 열심히 가꾸어도 죽으면 썩는 우리의 몸과 다르게 지식은 우리의 인생을 통하여 불멸의 불꽃을 준다.

여섯째, 지식은 항상 다른 사람에게 봉사할 수 있게 한다.

피타고라스는 주로 제자들에게 의미가 숨겨진 문장과 복잡한 단계의 해석이 필요한 수수께끼를 이용하여 상징적으로 지식을 전수했다. 제자들은 때로는 그와의 질문과 대화를 통하여, 때로는 홀로 여러 의미에 관한 명상을 통하여 이런 수수께끼 같은 가르침을 이해하기 위해 노력했다.

6장

활용에 대한 생각,
수학자처럼 생각하기

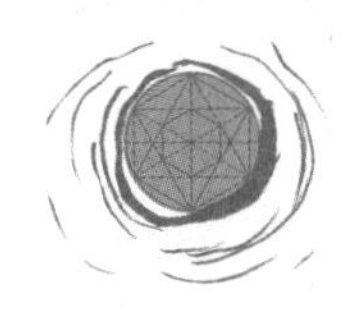

How To Think Like
Mathematicians

29

죄수의 딜레마와 치킨 게임

응용 수학

우리는 현실에서 매 순간 수많은 의사결정을 해야 하는 상황에 놓입니다. 이때 본인의 행동뿐만 아니라 다른 사람의 행동도 고려해서 결정을 내려야 하는 상황이 많이 발생합니다. 이와 같이 사회구성원의 전략적 의사결정을 게임이라는 관점에서 수학적으로 설명하는 것을 '게임이론'이라고 합니다.

게임이론은 게임의 결과가 자신의 기회와 선택뿐만 아니라 다른 사람들의 선택에 의해서도 결정되는 상황을 분석하는 데 이용됩니다. 게임에 참가한 사람은 자신이 승리할 수 있는 가능성을 높이기 위해 게임에 참여한 다른 참가자들이 어떤 선택과 결정을 내릴지 예측하려고 합니다. 그래서 '어떻게 하면 이렇게 상호의존적인 전략적 계산을 합리적으로 할 수 있을까?' 하는 것이 게임이론의 핵심입니다.

게임이론에는 여러 가지가 있습니다. 두 사람이 경쟁하는 게임을 할 때 한 사람이 게임에 이겨서 하나를 얻으면 다른 한 사람은 반드시 하나를 잃는 '제로섬 게임', 어떤 사안에 대해 대립하는 두 집단이 있을 때 그 사안을 포기하면 상대방에 비해 손해를 보지만 양쪽 모두 포기하지 않을 경우 가장 나쁜 결과가 벌어지는 상황의 '치킨 게임', 그리고 '죄수의 딜레마' 등이 대표적인 게임이론의 게임입니다. 이 중에서 '죄수의 딜레마'는 두 명이 참가하는 '비 제로섬 게임'입니다.

공범 혐의로 잡힌 두 사람이 서로 격리돼 취조받는데, 어느 한쪽이 범죄를 자백하면 그 사람은 형이 경감되고 자백하지 않은 사람은 가중처벌을 받는 상황에 처해 있다고 합시다. 이 상황에서 둘 다 자백하지 않으면 범죄 혐의가 입증되지 않아 석방될 수 있는데, 이기적 특성을 갖는 사람이 자신의 이익만을 추구한 결과, 두 사람 모두 자백함으로써 중형을 받게 된다는 이론입니다.

죄수의 딜레마는 '내쉬 균형'의 가장 대표적인 예입니다. 내쉬 균형은 게임이론의 한 형태로 미국의 수학자 존 내쉬(John

Forbes Nash Jr.)가 개발했습니다. 상대의 대응에 따라 최선의 선택을 하면, 균형이 형성되어 서로 자신의 선택을 바꾸지 않는 게임이론이지요. 상대의 전략이 바뀌지 않으면 자신의 전략 역시 바꿀 요인이 없는 상태가 됩니다. 그러다 결국 적절한 균형이 이루어지는데 이것이 바로 내쉬 균형입니다. 오늘날 정치적 협상이나 경제 분야에서 전략으로 널리 활용됩니다.

내쉬 균형에서는 전략의 조 A, B가 서로 최적의 반응인 경우로 되어 있습니다. 그래서 내쉬 균형은 다음과 같이 구합니다.

(1) A의 전략을 고정했을 때, 그 전략에 대하여 B는 이득이 최대가 되는 전략을 구사한다. 이것이 B의 최적 반응이다.
(2) (1)에서 구한 B의 전략에 대하여 A는 최적 반응이 되는 전략을 구한다.
(3) (1)과 (2)의 전략의 조가 내쉬 균형이 된다.

스마트폰으로 내쉬 균형의 예를 알아보겠습니다.

S사와 A사의 인기 스마트폰의 이름을 각각 '은하'와 '사과'라고 합시다. S사의 한 판매점의 조사에 따르면 은하와 사과가 100만 원이면 주말에 팔리는 대수가 양사 모두 15대입니다. 그러나 경쟁사인 A사의 사과가 100만 원일 때, 은하를 80만 원으로 가격을 인하하면 사과보다 은하를 사는 손님이 많아 은하

20대, 사과 5대가 팔린다고 합니다.

반대로 은하가 100만 원, 사과가 80만 원이면 은하는 5대, 사과는 20대가 팔린다고 합니다. 두 회사 모두 80만 원으로 하면 각각 17대가 팔린다고 합니다. 은하를 판매하는 S사의 판매원은 주말에 다음 ①과 ② 중 어느 쪽 가격 전략으로 판매하면 좋을지 생각해 봅시다.

① 80만 원 ② 100만 원

은하를 파는 판매원 S와 사과를 파는 판매원 A의 판매액을 표로 만들면 다음과 같습니다.

		판매원 A(사과)	
		100만 원 전략	80만 원 전략
판매원 S (은하)	100만 원 전략	1,500만, 1,500만	500만, 1,600만
	80만 원 전략	1,600만, 500만	1,360만, 1,360만

두 판매원에게 가장 좋은 전략은 가격을 낮춘 80만 원 전략입니다. 그러나 판매표에서 두 회사가 협조하여 가격 인하를 하지 않고 100만 원으로 판매한 쪽이 이득이 높음을 알 수 있습니다. 하지만 상대가 어떻게 나오든 손해를 보지 않기 위해서는 지배 전략을 취하지 않을 수 없지요. 따라서 두 회사의 판

매점은 가격을 모두 80만 원으로 하게 됩니다.

(판매원 S, 판매원 A)가 (80만 원, 80만 원)과 (100만 원, 100만 원)으로 할 경우 각각의 판매액은 (1360만 원, 1360만 원)과 (1,500만 원, 1,500만 원)이므로 두 판매원이 각각 100만 원의 가격 전략으로 변경하면 두 판매원 모두 이득은 줄지 않고 늘 수 있습니다. 그러나 각 판매점 단독으로의 합리적인 행동에서는 (저가격, 저가격)의 전략의 조를 빠져나갈 수 없지요.

그래서 우리가 종종 신문이나 언론에서 볼 수 있듯이 같은 종류의 품목을 파는 회사가 죄수의 딜레마에 빠지지 않기 위하여 몰래 모여 가격을 담합하는 것입니다.

게임이론이라는 말은 수학자 존 폰 노이만(John von Neumann)과 경제학자 오스카 모르건슈테른이 1944년 《게임과 경제행동 이론》을 출판하면서 구체화되었습니다. 이 이론은 사회과학, 특히 경제학에서 활용되는 응용수학의 한 분야로 발전되었으며, 오늘날 정치학·군사학·컴퓨터공학·생물학·철학 등 다른 분야에도 다양하게 응용되고 있지요. 따라서 경제도 게임으로 풀려는 수학, 재미있지 않나요?

30

이세돌이 알파고에게 진 이유

몬테카를로 탐색

지금으로부터 불과 100년 전만 해도 직접 농사를 지어 식량을 마련하고, 집에서 손으로 필요한 도구를 일일이 만들어 사용했습니다. 1800년경부터 증기기관이 발명됨으로써 공장에서 기계를 사용하여 물건을 대량으로 만들었지요. 이처럼 사람들의 생활방식이 농업과 수공업에서 기계를 사용해 필요한 물건을 대량으로 생산하는 제조업 위주로 변화하는 과정을 '산업화' 또는 '산업혁명'이라고 합니다. 프랑스의 학자가 산업혁명이라는 용어를 가장 먼저 사용했고, 영국의 경제 역사가인 아널드 토인비가 1760~1840년대 영국의 경제발전을 설명할 때 일반화했습니다.

인류는 2000년대 초반까지 세 번의 산업혁명을 경험했습니다. 제1차 산업혁명은 1760년부터 1830년까지 영국에서 시작되었는데, 당시 영국에서는 기계와 숙련 노동자, 제조기술 등의 유출을 금지했지만, 효과는 오래가지 못했습니다. 영국의 영향을 받은 벨기에와 프랑스를 비롯한 유럽의 주변국은 빠른 속도로 산업화되었지요.

제2차 산업혁명은 19세기 말부터 20세기 초까지 이어졌는데, 이전까지 사용하지 않았던 석유와 같은 천연자원과 합성원료를 활용했습니다. 기계와 연장 및 컴퓨터 등의 분야가 발전했으며 그에 따라 자동화 공장이 생겨났지요. 그러나 석유와 같은 천연자원을 원료로 한 산업혁명은 자원 고갈과 환경오염을 초래했습니다.

제3차 산업혁명은 1960년대 이후에 인터넷 통신기술과 재생에너지의 결합으로 시작되었으며 금융과 통신처럼 서비스 산업을 위주로 발전했습니다. 그리고 제4차 산업혁명은 2016년 1월 스위스의 다보스에서 열린 포럼에서 선포되었지요.

현재 우리는 제3차 산업혁명의 마지막 시기이자 제4차 산업혁명의 한 가운데 서 있습니다. 제4차 산업혁명이라는 용어는 독일이 2010년 발표한 '하이테크 전략 2020'의 10대 프로젝트 중 하나인 '인더스트리 4.0'에서 '제조업과 정보통신의 융합'을 뜻하는 의미로 처음 사용되었습니다.

제4차 산업혁명은 제3차 산업혁명을 기반으로 한 디지털과 바이오산업, 물리학 등 여러 분야의 융합된 기술이 경제체제와 사회구조를 급격히 변화시키는 것입니다. 제4차 산업혁명은 '초연결성', '초지능화'의 특성을 가집니다. 사물인터넷, 클라우드 등 정보통신기술을 사용해 인간과 인간, 사물과 사물, 인간과 사물이 상호 연결하지요. 빅데이터와 인공지능 등으로 현재 우리가 생활하는 사회보다 지능화된 사회로 변화할 것으로 예측됩니다.

이러한 제4차 산업혁명 시대를 이끌 중심에 컴퓨터와 컴퓨터를 움직이는 소프트웨어가 있습니다. 제4차 산업혁명 시대를 살아가게 될 우리에게 소프트웨어 중심으로 다양한 분야에서 새로운 변화를 어떻게 맞이하느냐는 개인뿐만 아니라 국가의 명운이 달렸다고 볼 수 있지요.

특히 인공지능은 수학적 토대 위에 완성됩니다. 말 그대로 사람의 지능처럼 컴퓨터가 스스로 배우고 생각해서 빠르게 일을 처리할 수 있는 소프트웨어 중심의 컴퓨터입니다. 그래서 제4차 산업혁명 시대를 살아갈 우리는 더더욱 컴퓨터와 소프트웨어에 친숙해야 하지요.

인공지능에서 흔히 활용되는 방법은 '몬테카를로 탐색'입니다. 몬테카를로 탐색은 주로 컴퓨터 바둑 프로그램, 보드게임,

실시간 비디오게임, 포커와 같이 상대가 어떻게 나올지 예상하기 어려운 게임에 적용되는 방법을 말합니다. 간단히 말하면, 몬테카를로 탐색은 상대의 움직임에 따라 어떻게 움직여야 가장 유리할지를 기존의 자료로부터 얻은 확률을 활용해 결정하는 방법입니다.

정사각형 모양의 바둑판 위에서 벌이는 생존 경쟁 게임인 '컴퓨터 바둑'이 몬테카를로 탐색 방법을 가장 잘 적용했지요. 바둑판은 가로와 세로로 각각 19줄이 그어져 있고, 이들이 겹치는 점이 모두 361개입니다. 흑과 백으로 나누어 361개의 점 위의 적당한 곳에 서로 번갈아 한 번씩 돌을 놓아 진을 치며 싸운 뒤, 차지한 점(집)이 많고 적음으로 승부를 가립니다.

바둑은 그 수가 깊고 오묘하며 어디에 먼저 놓느냐에 따라 전혀 다른 싸움이 전개됩니다. 또 선택할 수 있는 가짓수가 너무 많기 때문에 일설에 따르면 바둑이 생긴 뒤에 지금까지 똑같은 판은 없었다고 합니다. 실제로 바둑판에 바둑돌을 놓을 때, 처음에 흑돌은 361개의 점 어디에도 놓일 수 있고, 그다음 백돌은 361개 점 중에서 이미 흑돌이 놓인 한 점을 제외한 360개의 점 어디에도 놓일 수 있습니다. 이처럼 계산하면 바둑돌을 놓을 수 있는 경우의 수는 모두 361!이지요.

361!을 손으로 계산하기란 거의 불가능하며, 실제 값은 2.6×10^{845}보다 큽니다. 하지만 보통 바둑에서 약 250개의 점

에 150번의 수를 놓으면 게임이 끝나므로 평균적으로 경우의 수는 $250^{150} \approx 10^{360}$가지입니다. 그런데 우주 전체에 있는 원자의 개수가 약 10^{80}개라고 하니, 바둑에서 경우의 수는 어느 정도인지 짐작조차 힘들 만큼 많지요. 이처럼 바둑은 둘 수 있는 경우의 수가 너무 많기 때문에 기존의 탐색 방법을 이용한 컴퓨터 바둑 게임은 실력이 신통치 않았습니다.

그런데 2016년 3월에 등장한 인공지능 '알파고'는 세계 챔피언이었던 이세돌 9단과 모두 다섯 번을 대결하여 4대 1로 이겼습니다. 이때 알파고가 사용한 자료 탐색 방법이 바로 몬테카를로 탐색이지요. 몬테카를로 탐색은 선택, 확장, 시뮬레이션, 역전달의 네 단계로 구성되는데, 여기서는 알파고가 어떤 방법으로 자신에게 가장 유리한 수를 탐색하여 둘 수 있었는지 예를 들어 간단하게 알아봅시다.

알파고는 이세돌과 겨루기 전에 이미 여러 차례의 가상 대국에서 중요한 정보를 갖고 있었습니다. 그 정보로부터 상대가 특정한 점에 두었을 때, 그 수에 대응하기에 가장 좋은 점을 확률로 찾습니다. 예를 들어 백을 잡은 이세돌이 고민 끝에 어느 한 점을 선택했고, 알파고는 지금까지 자료를 탐색하여 그 점에 두었을 때 백의 승률이 $\frac{18}{33}$, 즉 그 점에 두면 모두 33번 중에서 18번 승리했음을 알았습니다.

이세돌이 둔 수에 대응하기 위해 흑을 잡은 알파고는 가능한 수를 탐색해 흑의 승률이 각각 $\frac{9}{11}$, $\frac{4}{10}$, $\frac{0}{3}$인 세 점을 찾고, 흑의 승률이 가장 높은 $\frac{9}{11}$인 점을 선택하여 돌을 놓았지요. 이에 대하여 이세돌은 한 점을 선택하여 백돌을 놓았고, 알파고는 그 점에 놓았을 때의 백의 승률이 $\frac{1}{5}$임을 알았습니다. 다시 알파고는 둘 수 있는 점을 탐색해 흑의 승률이 각각 $\frac{3}{4}$과 $\frac{2}{2}$인 두 점을 찾고, 승률이 $\frac{2}{2}$인 점을 선택해 흑돌을 놓았습니다. 그러자 이세돌은 고민 끝에 어느 점을 선택해 놓았고, 마침내 바둑은 알파고가 이겼지요. 이 과정을 다음 그림으로 나타낼 수 있습니다. 그림에서 백돌과 흑돌 안의 수는 그 점을 선택했을 때의 승률입니다.

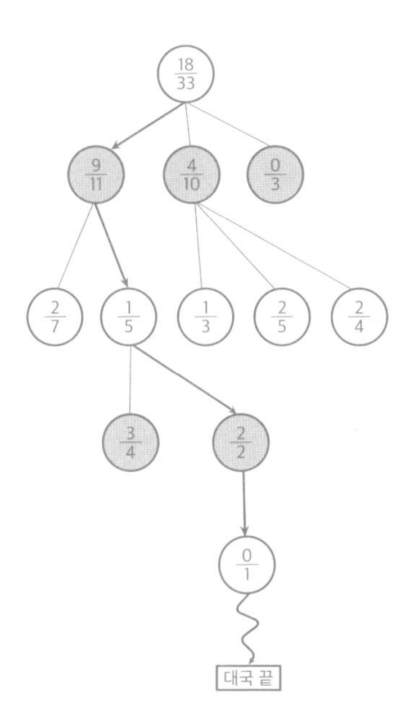

대국이 종료되면 바둑 기사들은 자신이 어떻게 바둑을 두었는지 알기 위해 처음부터 다시 돌을 놓아보는 '복기(復棋)'를 합니다. 알파고는 다음 대국에 대비하기 위하여, 이번에 둔 게임까지 포함하여 다음 그림과 같이 승률을 수정하지요. 이때 대국 횟수와 승리 횟수를 함께 수정하여 선택했던 점에 두었을 때의 최종 승률을 업데이트합니다.

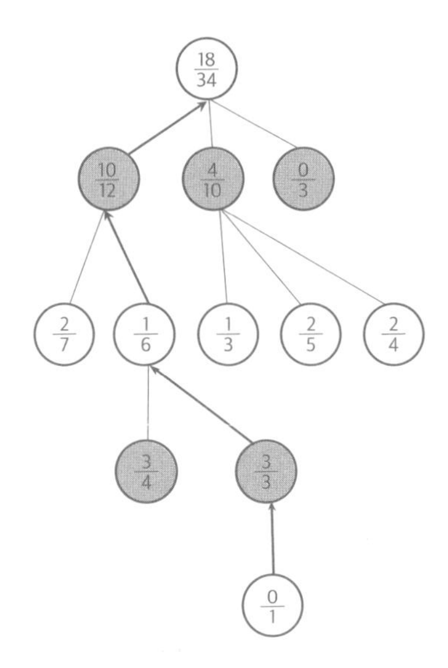

위의 그림에서 처음 백이 두었던 점의 승률은 $\frac{18}{33}$에서 $\frac{18}{34}$로 떨어졌지만, 흑이 두었던 점의 승률은 $\frac{9}{11}$에서 $\frac{10}{12}$로 올라갔습니다. 즉, 백이 처음 선택했던 점은 이전까지 33번 중에서 18번을 승리했지만 이번 대국에서 졌기 때문에 34번 중에 18번 승리한 것으로 수정되었지요.

반면에 흑은 이번 대국에서 승리했으므로 지난번까지 11번 중 9번 승리한 점은 12번 중에서 10번 승리한 것으로 수정되었습니다. 또 백이 두 번째로 두었던 점의 승률은 $\frac{1}{5}$에서 $\frac{1}{6}$로 떨어졌지만, 흑이 두 번째로 둔 점의 승률은 $\frac{2}{2}$에서 $\frac{3}{3}$으로 수정되었지요. 알파고는 두었던 점에 대한 승률을 거꾸로 올라가며 하나씩 변화시켜 다음번 경기에 대비하는 것이지요.

이처럼 인공지능에는 수학이 절대적으로 필요합니다. 앞으로 더 활발하게 인공지능을 접하고 사용하려면 수학을 이해하고, 수학자처럼 생각하는 능력이 더 필요하게 되겠지요.

31

인구수를 예측하는 손쉬운 방법

지수함수

인류는 2019년 말에 등장한 코로나19로 현재까지 큰 어려움을 겪고 있습니다.

일반적으로 바이러스는 유기체의 살아 있는 세포를 통해서만 생명 활동하는 존재이며, 세균과는 엄연히 다릅니다. 바이러스는 평상시에는 거의 돌덩어리와 같은 상태로 활성화되지 않다가 숙주의 세포에 기생하기 시작하면서 비로소 생명체로서 활동합니다. 그래서 바이러스는 생물과 무생물의 중간적 존재이며, 생물의 분류 단계 어디에도 속하지 않는 미분류 상태입니다. 특히 바이러스는 세균보다도 수백 배 이상 작아서 거름종이도 통과할 정도입니다. 일종의 단세포 생물로 기능을 하는 세균에 비해 바이러스의 구조는 세포 단위도 되지 않을 정도로 훨씬 간단해, 단백질 캡슐과 유전 물질만 가집니다. 우리를 괴롭히는 코로나19도 바이러스의 이러한 특징을 모두 갖고 있지요.

바이러스는 숙주세포의 핵 속에 있는 핵산(DNA 또는 RNA)의 복제 장치를 이용해서 자기와 똑같은 개체를 수없이 많이 복제합니다. 이때 숙주세포가 갖는 많은 기능이 활성화되지 못하게 되므로 우리 면역계가 이 바이러스에 감염된 숙주세포를 죽입니다. 그리고 바이러스에 공격당한 숙주세포가 지나치게 많으면 바이러스 질환이 나타납니다.

박테리아와 같은 세균은 일정한 시간이 지나면 1개가 2개로 자기 복제하며 분열하지만 바이러스는 숙주세포에 기생하기 때문에 빠르게 자기와 똑같은 개체를 만듭니다. 이처럼 바이러스의 분열이 세균의 분열보다 훨씬 빠르지만, 여러분의 이해를 돕기 위해 바이러스가 매시간 분열하면서 두 배씩 늘어난다고 가정해 봅시다.

1개의 바이러스로 시작하여 하루가 지나면 몇 개로 늘어날까요? 즉, 1시간이 지나면 2개, 2시간이 지나면 4개, 3시간이 지나면 8개와 같이 증가할 것이고, 하루는 24시간이므로 1개의 바이러스는 하룻밤 만에 2^{24}=16,777,216개가 됩니다.

실생활에서 이처럼 두 배씩 증가하는 간단한 예는 수타면과 '꿀 타래'를 들 수 있습니다. 수타면을 만들려면 밀가루 반죽을 길게 늘여 반으로 접고 다시 늘려 반으로 접기를 반복합니다. 그러면 면발의 수는 차례로 1, 2, 4, 8, 16 등으로 늘어나게 됩니다. 그래서 맛있는 수타면을 만들기 위해 10번의 늘리기를 반복했다면 면발의 수는 2^{10}=1,024가 되지요.

이제 두 배씩 늘어나는 상황을 a배씩 늘어나는 경우로 생각을 넓혀 볼까요? 만일 어떤 바이러스가 매시간 분열하며 a배 늘어난다면 x시간이 지난 뒤에 바이러스는 a^x개가 됩니다. 이때, a가 1이 아닌 양수이면 실수 x에 대하여 a^x의 값은 하나로 정해집니다. 따라서 x에 a^x을 대응시키면 $y=a^x(a>0,\ a\neq1)$은 x의 함수입니다. 이 함수를 a를 밑으로 하는 지수함수라고 합니다. 일반적으로 지수함수 $y=a^x(a>0,\ a\neq1)$의 그래프는 a의 값이 1보다 큰 경우와 0과 1 사이일 경우에 따라서 다음과 같습니다.

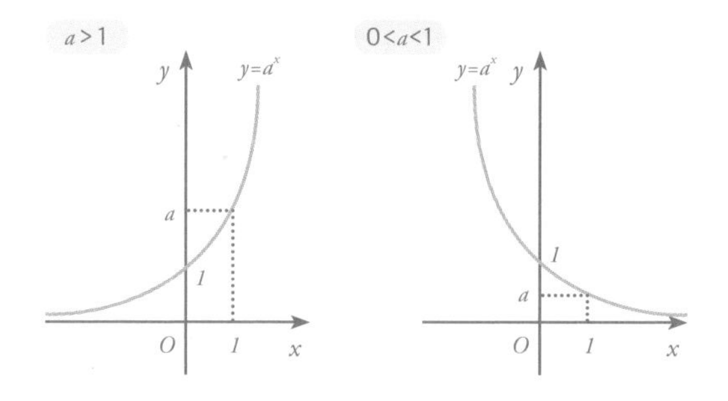

일반적으로 지수함수는 $y = b \times a^x$꼴로 쓸 수 있고, 인구 증가, 복리 이자, 방사능 감소, 박테리아 분열, 혈중알코올농도 측정 등 사회와 자연의 수학적 모델에서 매우 빈번하게 발생합니다.

한편, 우리는 종종 코로나19의 감염 재생산 지수에 대한 뉴스를 듣지요. 재생산 지수는 '감염자 1명이 평균적으로 몇 명을 감염시키는가'를 나타낸 것입니다. 감염은 재생산 지수가 1을 넘으면 확대되고 1보다 작으면 감소합니다.

예를 들어 재생산 지수가 2라면 1명의 감염자는 2명을 감염시킵니다. 감염된 2명은 다시 각각 2명에게 감염시키므로 4명이 감염됩니다. 또 4명이 각각 2명씩 감염시키므로 3단계에서는 모두 8명이 감염됩니다. 즉 $2^3=8$입니다. 이 경우는 지수함수의 다음 그림에서 보듯 폭발적으로 감염자가 늘어남을 예측할 수 있습니다.

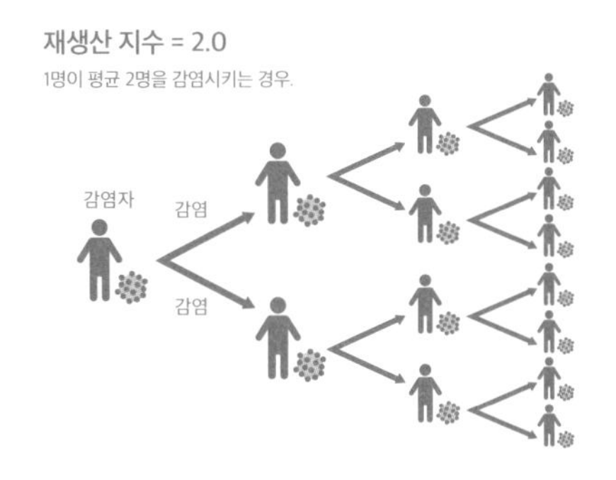

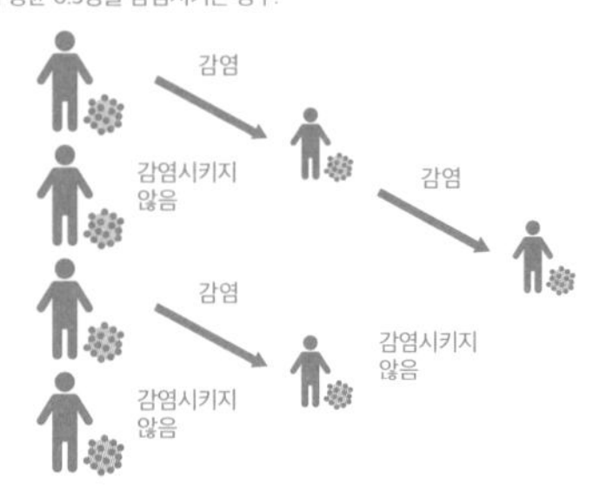

그런데 재생산 지수가 0.5라면 1명이 0.5명을 감염시킵니다. 이를테면 처음 8명이 감염되었다면 절반은 감염을 시키지 않으므로 4명만 감염됩니다. 또 감염된 4명도 2명만 감염시키고, 2명은 1명만 감염시키므로 3단계에서는 감염자가 1명만 있게 됩니다. 즉 $8\times(0.5)^3=1$입니다. 이 경우는 위의 그림에서 보듯이 감염자가 줄어든다고 예측할 수 있습니다.

재생산 지수가 1에 아주 가깝다고 해도 얼마 지나지 않아서 감염자는 크게 증가합니다. 예를 들어 재생산 지수가 1.2라 해도 $(1.2)^{10}\approx6.2$이므로 10단계를 거치면 6명 이상을 감염시키게 됩니다. 재생산 지수가 1.3인 경우는 $(1.3)^{10}\approx13.8$, 1.4인 경우는 $(1.4)^{10}\approx28.9$, 1.5인 경우는 $(1.5)^{10}\approx57.7$입니다. 즉, 재생산 지수가 아주 조금만 상승해도 10단계에서는 감염자가 크게 증가함을 알 수 있습니다. 게다가 $2^{10}=1,024$이므로 재생산 지수가 2인 경우와 1.2인 경우는 확연히 감염 속도가 다르지요. 그래서 코로나19와 같은 감염병에서 재생산 지수가 1보다 조금 만 크다고 해서 안심하면 큰일이 납니다.

이제, 지수함수로 인구수를 예측하는 예를 들어 봅시다. 다음 표는 1900년 이후 세계 인구를 나타낸 것입니다. 이 표의 자료로부터 수학적 모델링을 통하여 인구 증가에 관한 지수함수를 구하면 $P=(1436.53)\times(1.01395)^t$입니다. 즉, 일반적인 지수함수 $y=b\times a^x$에서 $b=1436.53$이고, $a=1.01395$이며, $t=0$은 1900년입니다.

지수함수를 이용하여 2020년 인구를 예측하려면 함수 식에 $t=120$을 대입해 $P=(1436.53)\times(1.01395)^{120}\approx 7{,}574$(백만)을 얻을 수 있습니다.

t (1900년 이후의 햇수)	인구(백만)
0	1650
10	1750
20	1860
30	2070
40	2300
50	2560
60	3040
70	3710
80	4450
90	5280
100	6080
110	6870

즉, 2020년에 인구수가 약 80억 7,400만 명 정도가 될 것으로 예측할 수 있는데, 실제로 2022년 지구에 사는 인구수는 약 77억 9,500만 명이라고 하니 비교적 잘 예측했다고 할 수 있습니다.

이 지수함수를 이용하여 2050년과 2100년의 인구수를 예측하면 각각 다음과 같은 결과를 얻을 수 있습니다.

2050년 : $t=150$일 때 $P\approx 11476$이므로 약 114억 7,600만 명

2100년 : $t=200$일 때 $P\approx 22942$이므로 약 229억 4,200만 명

2100년이 되면 놀랍게도 지금보다 약 세 배 많은 인구가 지구에 살게 될 것으로 예측됩니다. 과연 이것이 사실일까요?

옛날부터 전해오는 말 중에 "자기가 먹을 것은 가지고 태어난다"라는 말이 있습니다. 옛날에는 가난한 집일지라도 자식을 많이 낳게 하는 원동력이 되었고, 다산을 인류 역사를 통틀어 가장 큰 축복으로 여겼지요. 국가 차원에서도 인구가 많으면 더 많은 병력과 노동력을 얻을 수 있으므로 고대부터 인구수는 국력을 상징했습니다.

이런 생각은 영국의 경제학자 맬서스가 활동했던 시대에도 마찬가지였습니다. 그러나 맬서스는 다산에 대한 통념에 의문

을 품고 연구를 시작하여 많은 인구는 국가를 더 가난하게 만든다는 결론을 얻었지요. 맬서스는 이 결과를 정리하여 1798년 《인구론》을 발표했는데, 여기에서 "인구는 기하급수적으로 증가하지만, 식량은 산술급수적으로 증가한다"라고 주장했습니다. 식량 생산은 한정되어 있는데, 인구는 매우 빠른 속도로 증가하기 때문에 결국 식량 생산량이 인구 증가를 감당하지 못해 가난해진다는 것입니다.

맬서스에 따르면, 현재의 인구를 P_0, 인구증가율을 r, 어느 한 시점 t에서의 인구를 $P(t)$라 하면 $P(t)=P_0e^{rt}$이라는 결론입니다. 이러한 인구 모형을 맬서스의 '지수 성장모형'이라고 합니다.

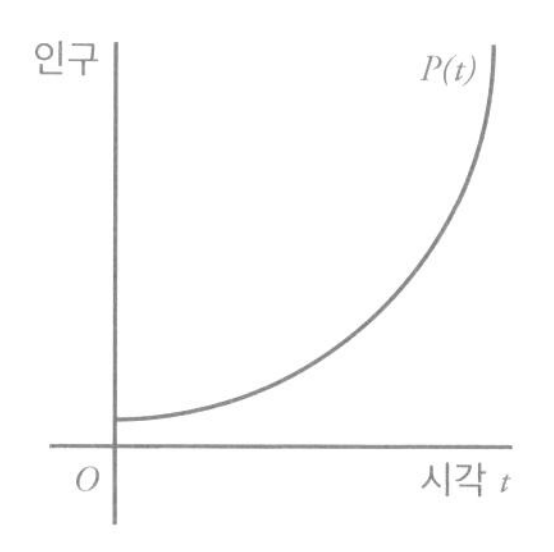

하지만 일반적인 인구 모형에서 인구가 적은 초창기에는 인구수가 기하급수적으로 성장하지만, 현실적으로는 식량, 거주, 공간, 다른 천연자원의 영향을 받기 때문에 성장이 제한됩니

다. 이런 점을 고려하여 벨기에의 수학자 페르훌스트(Pierre F. Verhulst)는 맬서스의 인구 성장 모델을 다음과 같은 수정했습니다.

$$P(t)=\frac{bP_0}{P_0+ae^{-rt}} \text{ (단 } a,\ b\text{는 상수)}$$

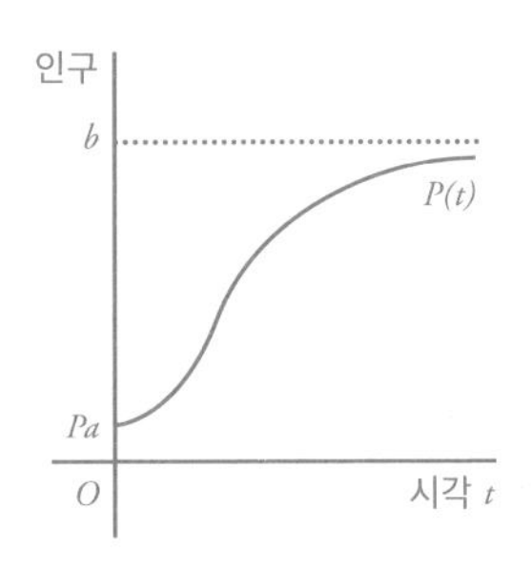

이 수정 모델을 '로지스틱(logistic) 모형'이라고 합니다. 이 모형에서 알 수 있는 것은 초기에는 인구수가 급격하게 증가하지만, 어느 순간부터는 완만하게 증가하여 인구수가 일정하게 유지된다는 것이지요. 이런 특성은 자연 현상이나 사회 현상에서 실제로 나타납니다. 이를테면 일정한 공간에 토끼를 번식시키면 개체 수는 처음에 기하급수적으로 늘어나지만, 시간이 지날수록 안정적인 상태를 유지합니다.

맬서스는 인간이 동물과 다른 두 가지 사실을 전제하고 《인구론》을 썼습니다. 하나는 무절제한 인간의 성욕이고, 다른 하나는 식욕을 충족하기 위한 수단의 한계입니다. 그중에서 성욕은 그럴듯한데 식욕은 오늘날의 상황과는 조금 동떨어진 문제인 듯합니다. 그러나 맬서스가 살던 당시에는 상황이 달랐습니다. 비옥한 토지는 부족했고, 농업 생산성은 높지 않았지요. 맬서스를 비롯한 고전학파 경제학자들은 생산량을 인위적으로 늘리는 것으로는 인구의 증가를 따라잡을 수 없다고 생각했습니다. 말하자면, 식량 생산에는 극복할 수 없는 자연의 절대적 한계가 있다고 보았습니다.

하지만 산업혁명 이래 서구 자본주의 사회는 맬서스의 예측과는 정반대의 길을 걸어왔습니다. 식량 생산량이나 인구 모두 기하급수적으로 증가했고, 서구 선진국 사회는 식량 걱정 없이 성욕을 마음껏 충족할 수 있게 되었습니다. 결국 맬서스의 이론을 바탕으로 한 고전 경제학은 자본주의 미래에 대해 무엇 하나 제대로 예측하지 못했지요.

비록 오늘날 맬서스의 《인구론》은 시대착오적이라는 비판받지만, 범지구적 환경 문제나 후진국의 인구 폭발 문제 그리고 선진국의 가정 해체 문제를 생각해 보면 그의 생각을 완전히 무시할 수는 없습니다.

이야기를 바꾸어 처음에 이야기했던 코로나19로 돌아가 봅시다.

2020년 7월 27일 질병관리본부에서 발표한 우리나라 코로나 19 확진자의 수를 그래프로 나타내면 다음 그림과 같습니다. 이 그래프에서 상향 곡선은 누적 확진자 수인데, 앞에서 소개한 지수함수의 그래프와는 다른 모양을 하고 있지요.

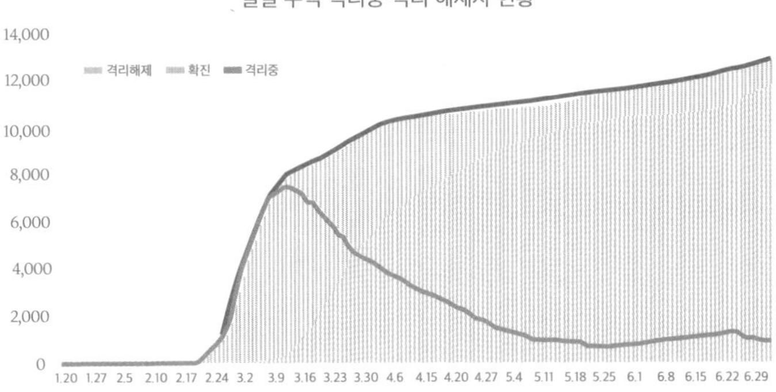

사실 지수함수 $y=a^x(a>0,\ a\neq1)$은 실수 전체의 집합에서 양의 실수 전체의 집합으로서 일대일 대응이므로 역함수를 갖는데, 이 그래프는 바로 지수함수의 역함수인 로그함수의 그래프입니다.

a가 1이 아닌 양수일 때, 로그의 정의에 의하여 $y=a^x \Leftrightarrow x=\log_a y$가 성립하므로, $x=\log_a y$에서 x와 y를 서로 바꾸면 지수함수 $y=a^x$의 역함수 $y=\log_a x(a>0,\ a\neq1)$가 됩니다. 이 함수를 a를 밑으로 하는 '로그함수'라고 하며 그래프는 다음과 같습니다.

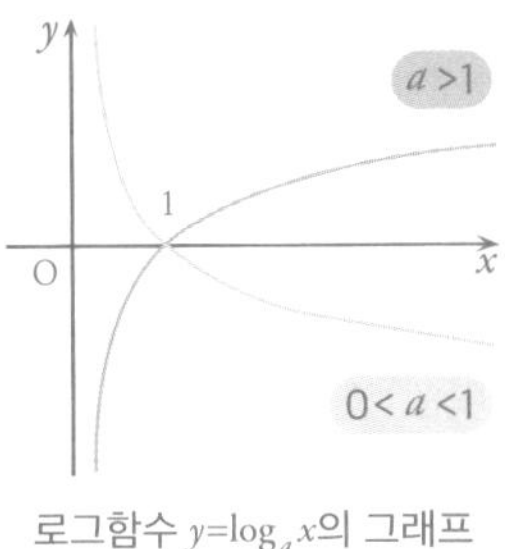

로그함수 $y=\log_a x$의 그래프

로그함수는 지진에서 발생하는 에너지의 크기를 구하거나 소리나 빛 등을 느끼는 감각의 세기를 구할 때 이용됩니다. 조용한 곳보다 시끄러운 곳에서는 더 큰 소리로 말해야 알아들을 수 있고, 불빛은 환한 낮보다 밤에 훨씬 더 밝게 느껴집니다.

독일의 심리학자 베버와 물리학자 페히너는 이와 같은 현상을 연구했는데, 마침내 그들은 감각의 세기를 E, 자극의 크기를 I라 하면 $E=k\log I+C$(k, C는 상수)와 같이 로그함수가 성립한다는 것을 알아냈습니다. 이것을 그들의 이름을 따서 '베버-페히너의 법칙'이라고 합니다.

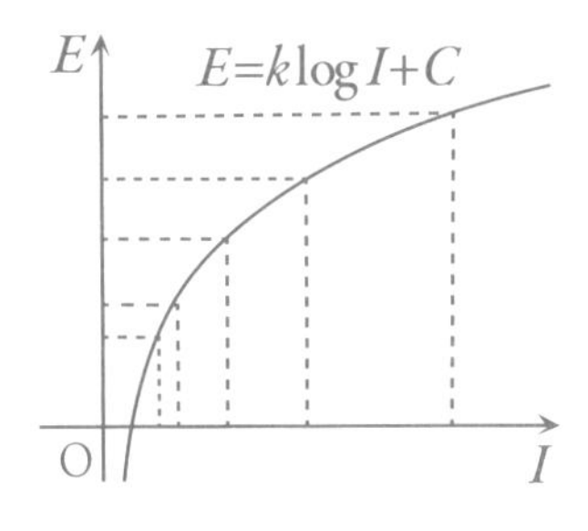

인구수, 바이러스 수, 동물의 개체 수를 예측하는 방법은 여러 가지가 있습니다. 예를 들어 과거 인구가 거의 동일하게 증가하거나 감소해 미래에도 같은 추세가 계속된다고 한다면, 기준 연도의 인구를 바탕으로 시간 단위당 평균 증가율을 이용하면 시간에 따른 인구 변화는 일직선의 그래프로 나타날 것입니다. 이를 '선형모형'이라고 합니다.

만일 인구가 기하급수적으로 증가한다면 그래프는 앞에서 소개한 '지수 성장모형'이 되고, 어떤 제약을 받게 되면 인구 증가 그래프는 '로지스틱 모형'이 됩니다. 로지스틱 모형은 처음에 인구가 완만하게 증가하다가 어느 시점을 지나면 급격하게 증가하다가 다시 완만하게 증가하는 S자 모양이지요.

보통 동식물의 성장과 미생물 개체 수 증가 그리고 코로나19 누적 확진자 수 등에서 볼 수 있습니다. 그러나 다양한 요인으로 어떤 상한선 이상이 되면 그 성장 속도가 떨어지게 되면서

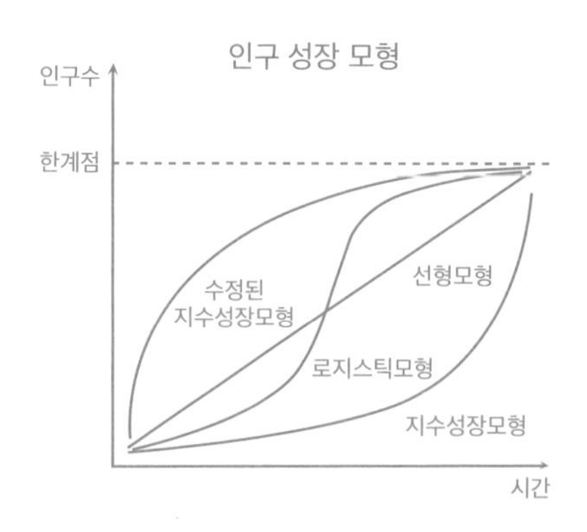

그래프는 위로 볼록한 형태가 되는데, 이 경우를 '수정된 지수 성장모형'이라고 합니다. 그리고 수정된 지수 성장모형은 로그 함수의 그래프입니다.

지금까지 인구수의 증가, 바이러스 감염자의 수, 세균의 증식, 박테리아의 증식 등을 지수함수와 로그함수를 예측할 수 있음을 알아보았습니다. 특히 바이러스 확진자 예측에 수학이 유용하게 쓰이고 있다니 수학은 우리 생활에 중요하고도 꼭 알아야 하는 것이 아닐까 싶습니다.

32

평면을 완벽하게 채울 수 있을까?

힐베르트 문제

과학기술의 눈부신 발전은 우리의 생활을 획기적으로 변화시켰습니다. 19세기부터 전문화·지식화된 과학기술은 20세기 나노와 생명정보학 같은 교차과학으로 발전해 현재의 융합과학과 정보화시대를 이끌었습니다.

DNA 이중나선구조 발견으로 촉발된 유전공학의 발전은 인류에게 생명 연장의 꿈에 도전하게 만들었고, 비행기의 등장으로 세계가 하나의 생활권이 되는 지구촌으로 바뀌었으며, 위성항법장치(GPS)가 내비게이션 등 다양한 장치에 활용되면서 원하는 지점에 어려움 없이 도착할 수 있게 되었습니다.

이처럼 20세기 이후에 일어난 과학 사건은 과학사적인 의미를 넘어 기존과 완전히 다른 새로운 생활과 문화를 이끌고 있습니다. 이런 맥락에서 한국과학재단은 2010년에 20세기 이후에 일어난 과학 사건을 정리하여 소개했습니다. 20세기 이후의 과학 사건은 분야별로 나눠 '20세기 이후 분야별 10대 과학 사건'이라는 제목으로 발표했지요. 분야는 실생활과 과학 기술이 잘 연결될 수 있도록 기초과학(물리, 화학, 수학), 보건·생명, 지구·환경·해양·에너지, 항공·우주·천문, 기술·공학, 전자·정보 6개이고, 분야별 10대 사건은 각 분야의 다양한 전문가에게 도움을 받아 선정했습니다.

기초과학 분야 중에서 수학은 '수학의 난제인 페르마 정리', '힐베르트의 23개의 문제', '참이지만 수학적으로 증명할 수 없는 문제' 등이 선정되었습니다. 그중에서 저와 같은 수학자들이 가장 중요하게 생각하는 힐베르트의 23개 문제에 대하여 간단히 알아볼까요?

오늘날의 수학은 자연과학뿐만 아니라 인문·사회과학으로 그 영역을 넓혀가며 거의 모든 학문과 관계를 맺고 있습니다. 이렇듯 현대수학의 새로운 분야들은 인류 문명의 발전을 이끌어 가고 있는데, 현대수학이 이처럼 다양한 분야와 밀접한 관계를 맺기 시작한 것은 독일의 수학자 다비드 힐베르트(David Hilbert)가 제안했던 23개의 문제라고 해도 과언이 아닙니다.

힐베르트는 현대수학의 여러 분야를 창시하여 크게 발전시켰으므로 그의 업적은 수학의 거의 모든 부분에 영향을 끼칩니다. 그는 당시 뛰어난 수학자였던 호르비츠(Adilf Hurwitz), 민코프스키(Hermann Minkowski)와 친하게 지내며 수학에 관하여 많은 의견을 나누었습니다. 특히 두 사람은 힐베르트가 23개의 문제를 선정하는 데 많은 조언을 했고, 강연할 때는 23개의 문제 가운데 10개만 발표하라고 충고했지요. 힐베르트는 그들의 의견을 받아들여 10개의 문제만 발표했는데, 모든 내용이 매우 중요했기 때문에 강연의 전체 내용이 바로 여러 나라말로 번역되어 출판되었습니다.

힐베르트가 제안한 23개의 문제가 현대 과학발전에 어떻게 기여하고 있는지를 하나씩 집어내기는 쉽지 않은 일입니다. 소수의 발견이 현재 정보통신 분야의 암호로 활용되듯이 수학 이론을 응용하기 위해서는 짧게는 수십 년에서 길게는 수백 년이 걸리기 때문입니다. 하지만 케플러의 추측에서 원자 결정체의 구조를 이해하는 데 도움을 얻고 더 나아가 경제 이론, 디자인, 건축학에 응용되는 등 수학 이론의 응용은 지금도 확대되고 있습니다. 특히 수학이야말로 기초과학 분야의 기본 토대를 마련한다는 점에서 힐베르트가 제안한 23개의 문제는 매우 중요한 의미가 있습니다.

19세기 교통의 발달은 수학 발전을 앞당겨 수학은 공간의 수리적인 성질을 연구하는 기하학과 수 대신 문자를 쓰거나 수학 법칙을 간단명료하게 나타내는 대수학, 그리고 주로 함수를 다루는 해석학 등의 모든 분야에서 놀랄만한 업적을 이루었습니다. 이 발전의 크기는 그 이전의 어떤 세기에도 비교할 수 없을 정도였지요. 게다가 교통의 발달로 교류가 점차 확대되자 두 사람 사이에 몇 달씩 걸리던 편지의 교환도 짧은 시간에 이루어집니다. 19세기의 이러한 여러 변화에 힘입어 수학을 전문적으로 다루는 잡지가 출판되었고 수학자끼리 개인적인 왕래도 증가했습니다. 또 유럽의 각 나라와 미국에서는 수학학회와 수학자의 국제적인 모임이 만들어지면서 서로 간의 교류가 매우 활발해졌지요.

각각의 학회에서 활동하던 여러 나라의 수학자들은 여기서 더 나아가 새로운 이론의 발굴과 풀리지 않는 난제의 해결 등의 협력을 위해 국제적인 수학 모임이 필요하다고 생각해 1893년 국제수학자 학술대회를 시카고에서 개최했습니다. 이 모임은 4년 뒤인 1897년에 첫 공식적인 수학자의 정기 학술대회로 자리 잡았는데, 바로 '국제 수학자 회의'라 불리는 대회이지요. 이 대회가 유명한 이유는 두 가지입니다. 첫째는 1900년 회의에서 발표된 힐베르트의 23개 문제 때문이고, 둘째는 바로 이 대회에서 수학의 노벨상인 필즈상을 수여하기 때문이지요.

19세기 후반, 수학의 폭발적인 발전과 수학자들의 교류 증가로 수학에 관심을 갖는 사람이 많아지며 수학자가 늘어났습니다. 상황이 이렇다 보니, 19세기 후반에 수학을 대표할만한 몇몇 뛰어난 인물을 꼽을 수 없게 되었습니다. 그리고 어느 누구도 폭발적으로 발전하는 수학의 미래를 예측할 수 없었지요.

수학의 미래를 짐작할 수 없다는 것은 어떤 문제가 수학적으로 의미가 있고 문명을 발전시키는 데 필요한 문제인가를 판단할 수 없다는 뜻입니다. 특히 수학자들은 수학의 황제 가우스가 죽자 두 번 다시 그런 인물이 나타나지 않을 것이라며 더욱 당황하게 되었습니다. 하지만 얼마 후에 수학자의 걱정을 해결해 준 뛰어난 인물인 프랑스의 앙리 푸앵카레(Henri Poincaré)와 힐베르트가 등장했지요.

20세기가 시작되는 첫해인 1900년 프랑스 파리에서 열리게 된 국제 수학자 회의는 당시 기하학의 기초 확립으로 유명하던 독일의 수학자 힐베르트에게 기념 강연을 부탁했습니다. 힐베르트는 당시에 복잡하게 얽혀 갈 길을 찾지 못하고 있던 수학의 미래를 전망하는 강연을 하기로 결심했습니다. 그는 수학뿐만 아니라 인류의 문명이 발전할 수 있을 것으로 예상되는 23개의 문제를 선택했지요. 힐베르트는 자신이 선택한 23개의 문제가 다가오는 100년 동안 수학자들을 바쁘게 만들 것이며,

미래의 수학 발전에 방향을 제시할 것이라고 생각했습니다.

힐베르트가 발표한 23개의 문제가 무엇인지 궁금하지요? 그런데 그가 제시한 23개의 문제와 내용은 전문적인 수학 분야에서 다루어지므로 독자들이 용어와 내용을 이해하기에는 쉽지 않습니다. 그래서 원래 내용을 훼손하지 않는 범위에서 약간 변형해 쉽게 알려드립니다.

① 연속체 가설로 정수의 집합보다 크고 실수의 집합보다 작은 집합은 존재하지 않는다는 것이다. 이 문제는 1938년에 괴델에 의하여 옳다는 것이 증명되었지만 1963년에 옳지 않다는 것도 증명되었다. 그래서 현재 해결되었다고 해야 할지 또는 그렇지 않다고 해야 할지 결정할 수 없는 애매한 상태이다.

② 산술 공리의 무모순이 증명될 수 있을지를 묻는 문제이다. 이것은 산술의 공리에 바탕을 둔 유한개의 논리연산은 결코 모순된 결과를 가져오지 않는다는 것이며, 1933년에 증명되었다.

③ 부피가 같은 두 다면체에 대하여 하나를 유한개의 조각으로 잘라낸 뒤 그 조각들을 적당히 붙여서 다른 하나를 만들어내는 것이 항상 가능한지 묻는 문제이다. 이 문제는 1900년에 불가능한 것으로 판명되었다.

④ 이 문제는 몇 개의 조건을 만족하며 유클리드의 제5공준인 평행선 공준을 제외하고 유클리드 기하학의 공리와 '가장 가까운' 공

리를 가지는 기하학을 제시하는 것이다. 그런데 이 문제는 내용이 애매하여 해결되었는지 여부를 알 수 없다.

⑤ 연속 변환군을 정의하는 함수에 대한 미분 가능성의 가정을 피할 수 있는지를 묻는 문제로 1952년에 미국의 수학자들에 의하여 해결되었다.

⑥ 물리학의 공리화에 관한 것으로 아직 해결되지 않았다.

⑦ α가 0도 1도 아닌 대수적인 수이고 β가 대수적 무리수일 때 α^β가 초월수인가를 묻는 문제로 1934년에 옳다는 것이 증명되었다.

⑧ 19세기에 알려진 리만의 예상 즉, 제타함수의 음의 정수 영점을 제외한 영점은 모두 $\frac{1}{2}$을 실수 부분으로 갖는다는 것을 증명하는 것이다. '리만 가설'로 더 잘 알려진 이 문제는 아직 해결되지 않았으며, 100만 달러의 현상금이 붙어 있다. 힐베르트는 이것이 증명되면 쌍둥이 소수의 쌍이 한없이 있다는 예상도 증명될 수 있을 것이라고 생각했다.

⑨ 수론의 상호법칙의 일반화에 관한 문제로 1927년에 해결되었다.

⑩ 부정방정식의 유리수해의 존재 여부를 유한 번의 조작으로 판정할 수 있는지를 묻는 문제이다. 이 문제는 1970년에 판정할 수 없다고 판명되었다.

⑪ 이차체에 관하여 얻은 결과를 임의의 대수적인 체로 확대할 수 있는지를 묻는 문제로 부분적으로만 해결된 상태이다.

⑫ 크로네커의 정리를 임의의 대수적인 체로 확대하는 것으로 아

직 해결되지 않았다.

⑬ 일반적인 7차 대수방정식을 변수가 2개인 함수를 이용하여 해를 구할 수 있는지 묻는 문제로 증명되었다.

⑭ 상대적 다항함수계의 유한성을 묻는 문제로 일반적으로 성립하지 않음이 증명되었다.

⑮ 대수기하학의 기초를 확립하는 문제로 부분적으로 해결되었다.

⑯ 대수곡선 및 곡면의 위상적 연구에 관한 것으로 아직 해결되지 않았다.

⑰ 정부호형식을 제곱의 합으로 나타낼 수 있는지를 묻는 것으로 1927년에 해결되었다.

⑱ 합동인 다면체로 공간을 완전히 채우는 문제이다. 이 문제는 공 쌓기에 대한 케플러의 추측이 해결되지 않았다는 이유로 미해결로 분류되어 있었으나 케플러의 추측이 해결되며 2000년 이후에 해결된 것으로 되어 있다.

⑲ 변분 문제의 해는 항상 해석함수인가를 묻는 문제로 1904년에 해결되었다.

⑳ 경계값 조건을 갖는 모든 변분법 문제들은 해를 갖는다는 문제로 20세기 전체에 걸친 연구결과로 선형이 아닌 경우에 대하여 해를 찾을 수 있다.

㉑ 주어진 모노돌로미군을 갖는 선형미분방정식은 존재하는가라는 문제로 1905년 힐베르트 자신이 해결하였다.

㉒ 함수를 이용한 해석적 관계의 유일화 문제로 단일 변수 함수의 경우는 해결되었다.

㉓ 변분학적 방법을 확대하는 것으로 아직 해결되지 않았다.

18번 문제는 공 쌓기에 대한 케플러의 추측이 해결되지 않았다는 이유로 미해결로 분류되었으나 케플러의 추측이 해결되며 2000년 이후에 해결된 것으로 인정되었습니다.

케플러의 추측은 영국의 항해 전문가인 월터 랠리 경으로부터 시작되었습니다. 그는 1590년대 말에 배에 짐을 싣던 중, 자신의 조수였던 토머스 해리엇에게 배에 쌓여 있는 포탄 무더기의 모양만 보고 그 개수를 알 수 있는 공식을 만들라고 했습니다. 그래서 해리엇은 특별한 모양으로 쌓여 있는 포탄의 개수를 계산하는 공식을 찾았지요. 그는 더 나아가 배에 포탄을 최대한 실을 수 있는 방법을 찾으려고 했습니다. 그러나 그는 자신이 이 문제를 해결할 수 없다고 생각하여, 당시 최고의 수학자이자 천문학자인 요하네스 케플러에게 편지를 보냈습니다.

케플러는 이 문제를 1611년, 《눈의 6각형 결정구조에 관하여》라는 논문에 처음으로 거론했습니다. 이 논문에서 케플러는 평면을 일정한 도형으로 채우는 문제를 생각했는데, 평면을 완전하게 채울 수 있는 가장 간단한 도형은 정삼각형이라고 했습니다. 그의 생각을 들여다보겠습니다.

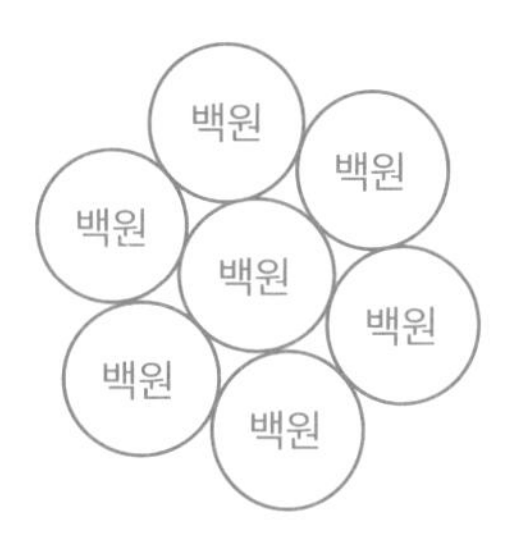

같은 크기의 동전 여러 개를 평평한 탁자 위에 올려 놓고 이리저리 움직여 붙여 보세요. 동전의 밀도 즉, 전체 공간에 대해 동전이 차지하는 공간의 비율을 가장 높게 배열하는 방법은 각 동전이 여섯 개의 서로 다른 동전으로 둘러싸도록 하는 것입니다. 따라서 동전을 정육각형 형태로 규칙적으로 배열하면 평면을 덮을 수 있습니다.

각 정육각형의 일부는 원이 차지하고, 일부는 빈 공간으로 남아 있지요. 정육각형은 정삼각형으로 분할할 수 있기 때문에 삼각형의 밀도를 계산하기만 하면 이 배열의 밀도를 구할 수 있습니다.

계산의 편의를 위하여 동전의 반지름을 1이라고 하면, 평면을 합동인 정삼각형으로 덮을 수 있기 때문에 정삼각형 하나만 살펴보면 충분합니다. 동전 3개가 모일 때 그 중심을 연결하면 한 변의 길이가 2인 정삼각형이 되지요. 피타고라스 정리를 이용하여 정삼각형의 높이와 넓이를 구하면 모두 $\sqrt{3} \approx 1.732$ 입니다.

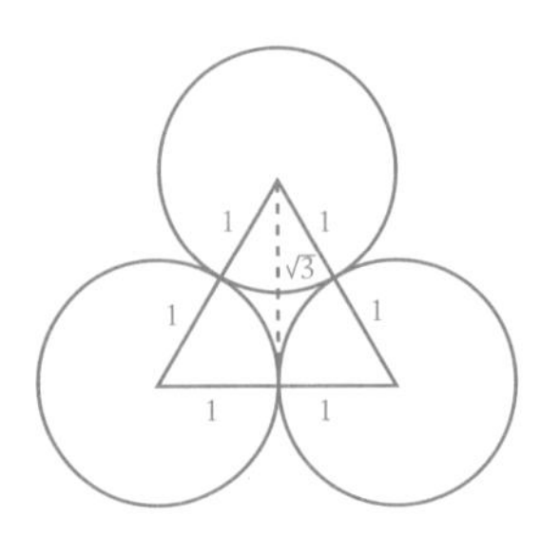

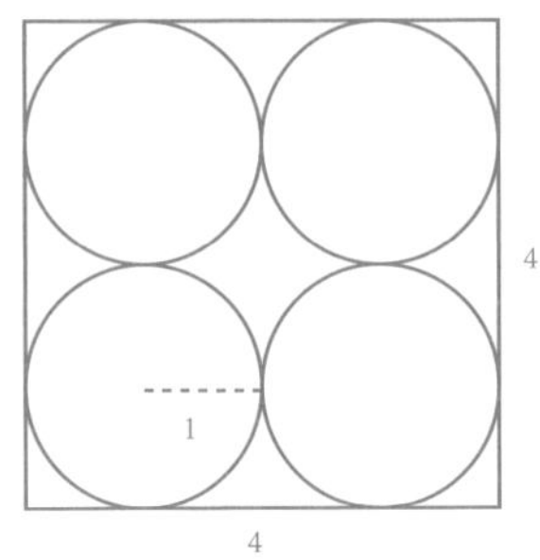

밀도는 정삼각형에서 원으로 덮인 부분을 전체 삼각형의 넓이로 나눈 것입니다. 정삼각형의 한 각의 크기는 60도이므로 세 원의 $\frac{1}{6}$씩이 정삼각형에 포함되고, 그 부분이 모두 3개이므로 정삼각형에 포함되는 부분의 넓이는 $\frac{3}{6}\pi \approx 1.571$입니다. 그리고 원으로 덮인 부분을 전체 삼각형 넓이로 나누면 밀도는 약 $\frac{1.571}{1.732} \approx 0.907$입니다.

결국, 동전을 정육각형 모양으로 배열하면 평면의 약 90.7퍼센트를 덮을 수 있습니다. 마찬가지로 계산하면 정사각형 모양으로 배열하여 평면을 덮을 때의 밀도는 약 0.785이므로 평면의 약 78.5퍼센트를 덮을 수 있지요.

케플러는 물질을 구성하는 작은 입자들의 배열 상태를 연구하던 중에 부피를 최소화시키려면 입자들을 어떻게 배열시켜야 할지를 생각했습니다. 모든 입자들이 공과 같은 구형이라고 한다면 어떻게 쌓는다 해도 사이사이에 빈틈이 생깁니다. 문제는 이 빈틈을 최소한으로 줄여서 쌓인 공이 차지하는 부피를 최소화시키는 것이지요. 케플러는 여러 가지 다양한 방법에 대하여 그 효율성을 일일이 계산해 보았지만, 끝내 결론을 내리지 못하고 추측만을 남겨 놓게 되었습니다.

케플러의 추측은 약 400년 동안이나 수학자들을 괴롭히다가, 결국 1998년에 미시건대학교의 토머스 해일스(Thomas Hales)가 증명했습니다. 세계적인 베스트셀러 《페르마의 마지막 정리》의 저자 사이먼 싱은 '케플러의 추측'을 이렇게 평가했지요.

"페르마의 마지막 정리를 이을 만한 문제는 그에 못지않은 흥미로움과 매력을 지니고 있어야 한다. 케플러의 추측이 바로 그와 같은 문제이다. 단순해 보이지만 풀려고 하면 결국 문제의 어려움에 압도당하고 만다."

21세기에 접어든 오늘날의 수학자들은 대부분의 주요 문제는 이미 해결되었다고 했던 18세기 후반 수학자들의 주장과 19세기 말에 모든 문제가 해결될 수 있다고 공표했던 힐베르트의 주장이 모두 옳지 않았음을 알고 있습니다. 왜냐하면 수학에서만 새로운 이론과 훌륭한 성과가 매년 약 30만 개 이상에 이르고 있으며, 풍성한 결과를 기다리고 있는 새로운 분야와 수학자들을 유혹하는 매력적인 문제가 지속적으로 발굴되기 때문입니다. 특히 오늘날의 수학은 자연과학뿐만 아니라 인문, 사회과학 등 거의 모든 학문과 관계를 맺어가며 인류 문명의 발전을 견인하고 있는데, 그 시작이 바로 힐베르트가 제안했던 23개의 수학 문제입니다. 이것이 우리가 힐베르트의 문제를 '20세기 이후 10대 사건' 가운데 하나로 선정한 이유입니다.

힐베르트가 제시한 23개의 문제 중 아직 해결되지 않은 문제를 해결하기 위한 수학자의 도전은 지금도 계속되고 있지요. 수학자의 끊임없는 도전은 수학을 더욱 풍성하고 알차게 하기 때문에 쉬지 않고 전진할 예정입니다.

33

풀리지 않는 수학계 미제 사건

리만 가설

힐베르트가 제안했던 23개의 문제 중에서 '리만 가설'로 알려진 문제 8은 일반인들까지 관심이 많습니다. 이 문제는 '제타함수의 자명하지 않은 모든 근은 실수부가 $\frac{1}{2}$이다'라는 것으로, 간단히 말하면 주어진 수보다 작은 소수의 개수에 관한 것입니다. 아직 해결되지 않았으며, 100만 달러의 현상금이 붙어 있기도 합니다. 힐베르트는 이 문제가 해결되면 쌍둥이 소수의 쌍이 한없이 있다는 예상도 증명되리라고 생각했습니다. 여기서 쌍둥이 소수는 소수 가운데 3과 5, 5와 7, 11과 13 등과 같이 연속한 두 소수의 차이가 2인 소수입니다.

우리가 리만 가설을 모두 이해하는 것은 쉽지 않지만, 약간의 지식만으로도 '리만 가설이란 이런 것이구나!' 하는 정도는 이해할 수 있습니다. 그러려면 제타함수에 대하여 알아야 합니다. 약간 복잡할 수도 있지만, 표현이 어렵다면 대충 눈으로 훑어보고 넘어가도 됩니다. 사실 식은 복잡하지만 중학교에서 배운 등식의 성질과 지수법칙 정도만 알고 있으면 어렵지 않게 이해할 수 있습니다.

그러면, 한번 리만 가설 속으로 들어가 볼까요?

리만 가설에 등장하는 제타함수는 다음과 같이 무한급수로 정의됩니다.

$$\zeta(s)=1+\frac{1}{2^s}+\frac{1}{3^s}+\frac{1}{4^s}+\frac{1}{5^s}+\frac{1}{6^s}+\frac{1}{7^s}+\frac{1}{8^s}+\cdots$$

예를 들어 $s=0$이면 제타함수의 값은 어떤 수의 0제곱은 1이므로 다음과 같이 발산합니다.

$$\begin{aligned}\zeta(0)&=1+\frac{1}{2^0}+\frac{1}{3^0}+\frac{1}{4^0}+\frac{1}{5^0}+\frac{1}{6^0}+\frac{1}{7^0}+\frac{1}{8^0}+\cdots\\&=1+1+1+1+1+1+1+1+\cdots\end{aligned}$$

또 $s=-1$이면 제타함수의 값은 다음과 같이 발산합니다. 여기서 $a^{-1}=\frac{1}{a}$이므로 $\frac{1}{a^{-1}}=a$입니다.

$$\zeta(-1)=1+\frac{1}{2^{-1}}+\frac{1}{3^{-1}}+\frac{1}{4^{-1}}+\frac{1}{5^{-1}}+\frac{1}{6^{-1}}+\frac{1}{7^{-1}}+\frac{1}{8^{-1}}+\cdots$$
$$=1+2+3+4+5+6+7+8+\cdots$$

그런데 $s=2$이면 제타함수의 값은 다음과 같습니다.

$$\zeta(2)=1+\frac{1}{2^{2}}+\frac{1}{3^{2}}+\frac{1}{4^{2}}+\frac{1}{5^{2}}+\frac{1}{6^{2}}+\frac{1}{7^{2}}+\frac{1}{8^{2}}+\cdots$$
$$=1+\frac{1}{4}+\frac{1}{9}+\frac{1}{16}+\frac{1}{25}+\frac{1}{36}+\frac{1}{49}+\frac{1}{64}+\cdots$$

이 무한급수도 발산할까요? 아닙니다!

$s=2$이면 제타함수의 값은 $\zeta(2)=\frac{\pi^2}{6}$인데, 사실 이것은 대학교에서 배우는 미적분 수준이므로 여기서는 그냥 결과만 인정하기로 합시다. 어쨌든, 제타함수는 s의 값이 무엇인지에 따라 함숫값을 가질 수도 있고 그렇지 않을 수도 있습니다.

그렇다면 이 제타함수가 소수와 어떤 관련이 있을까요?

소수를 찾는 잘 알려진 방법은 '에라토스테네스의 체'입니다. 에라토스테네스의 체로 다음과 같이 소수를 구할 수 있습니다. 자연수를 차례대로 쓰고 1을 제외하고 처음 나오는 수 2에 동그라미를 치고 2의 배수를 모두 지웁니다. 그런 후 지워지지 않은 수 가운데 처음 나타난 수 3에 동그라미를 치고 3의 배수를 모두 지우지요. 다시 지워지지 않은 수 가운데 처음 나타난 수 5에 동그라미를 치고 5의 배수를 모두 지웁니다. 이와 같은

~~1~~	2	3	~~4~~	5	~~6~~	7	~~8~~	~~9~~	~~10~~
11	~~12~~	13	~~14~~	~~15~~	~~16~~	17	~~18~~	19	~~20~~
~~21~~	~~22~~	23	~~24~~	~~25~~	~~26~~	~~27~~	~~28~~	29	~~30~~
31	~~32~~	~~33~~	~~34~~	~~35~~	~~36~~	37	~~38~~	~~39~~	~~40~~
41	~~42~~	43	~~44~~	~~45~~	~~46~~	47	~~48~~	~~49~~	~~50~~
~~51~~	~~52~~	53	~~54~~	~~55~~	~~56~~	~~57~~	~~58~~	59	~~60~~
61	~~62~~	~~63~~	~~64~~	~~65~~	~~66~~	67	~~68~~	~~69~~	~~70~~
71	~~72~~	73	~~74~~	~~75~~	~~76~~	~~77~~	~~78~~	79	~~80~~
~~81~~	~~82~~	83	~~84~~	~~85~~	~~86~~	~~87~~	~~88~~	89	~~90~~
91	~~92~~	~~93~~	~~94~~	~~95~~	~~96~~	97	~~98~~	~~99~~	~~100~~

방법을 계속하면 마지막에는 동그라미 친 수만 남게 되는데, 이때 동그라미를 친 수가 바로 소수들입니다.

에라토스테네스의 체는 소수를 찾는 매우 깔끔한 방법입니다. 그러나 이 방법은 번거롭고 지루합니다. 그래서 소수를 찾는 좀 더 세련된 방법이 필요합니다. 이제 그 방법을 제타함수로 알아보겠습니다.

앞에서 제타함수는 다음과 같이 정의된다는 것을 보았지요.

$$\zeta(s)=1+\frac{1}{2^s}+\frac{1}{3^s}+\frac{1}{4^s}+\frac{1}{5^s}+\frac{1}{6^s}+\frac{1}{7^s}+\frac{1}{8^s}+\cdots \quad \text{---①}$$

에라토스테네스의 체에서 했던 것처럼 1을 제외하고 처음 나온 $\frac{1}{2^s}$를 이용하여 제타함수의 우변에 무한히 써진 항을 줄여가 볼까요? 제타함수의 양변에 $\frac{1}{2^s}$를 곱하면 이렇습니다.

$$\frac{1}{2^s}\times\zeta(s)=\frac{1}{2^s}\times\left(1+\frac{1}{2^s}+\frac{1}{3^s}+\frac{1}{4^s}+\frac{1}{5^s}+\frac{1}{6^s}+\frac{1}{7^s}+\frac{1}{8^s}+\cdots\right)$$

지수법칙에 의하여 다음을 얻을 수 있습니다.

$$\frac{1}{2^s}\zeta(s)=\frac{1}{2^s}+\frac{1}{4^s}+\frac{1}{6^s}+\frac{1}{8^s}+\frac{1}{10^s}+\frac{1}{12^s}+\frac{1}{14^s}+\cdots \quad \text{---②}$$

이제 ①-②를 계산하면, 좌변은 $\zeta(s)-\frac{1}{2^s}\zeta(s)=\left(1-\frac{1}{2^s}\right)\zeta(s)$이고 우변은 ①에서 짝수 항만 빠진 다음과 같은 식을 얻습니다.

$$\left(1-\frac{1}{2^s}\right)\zeta(s)=1+\frac{1}{3^s}+\frac{1}{5^s}+\frac{1}{7^s}+\frac{1}{9^s}+\frac{1}{11^s}+\frac{1}{13^s}+\cdots \quad \text{---③}$$

③에서 1을 제외하고 처음 나온 $\frac{1}{3^s}$를 다시 ③의 양변에 곱하면 이렇습니다.

$$\frac{1}{3^s}\times\left(1-\frac{1}{2^s}\right)\zeta(s)=\frac{1}{3^s}\times\left(1+\frac{1}{3^s}+\frac{1}{5^s}+\frac{1}{7^s}+\frac{1}{9^s}+\frac{1}{11^s}+\frac{1}{13^s}+\frac{1}{15^s}+\frac{1}{17^s}+\cdots\right)$$

지수법칙에 의하여 다음을 얻을 수 있습니다.

$$\frac{1}{3^s}\times\left(1-\frac{1}{2^s}\right)\zeta(s)=\frac{1}{3^s}+\frac{1}{9^s}+\frac{1}{15^s}+\frac{1}{21^s}+\frac{1}{27^s}+\frac{1}{33^s}+\cdots \text{ ---④}$$

이제 ③-④를 계산하면 좌변은 이러합니다.

$$\left(1-\frac{1}{2^s}\right)\zeta(s)-\frac{1}{3^s}\left(1-\frac{1}{2^s}\right)\zeta(s)=\left(1-\frac{1}{3^s}\right)\left(1-\frac{1}{2^s}\right)\zeta(s)$$

우변은 (3의 배수)^{s}인 항이 모두 제거되고 1을 제외한 처음 나오는 항이 $\frac{1}{5^s}$가 됩니다.

$$\left(1-\frac{1}{3^s}\right)\left(1-\frac{1}{2^s}\right)\zeta(s)=1+\frac{1}{5^s}+\frac{1}{7^s}+\frac{1}{11^s}+\frac{1}{13^s}+\frac{1}{17^s}+\frac{1}{19^s}+\cdots \text{ ---⑤}$$

앞에서와 같은 방법을 되풀이하기 위하여 이번에는 ⑤의 양변에 $\frac{1}{5^s}$를 곱하여 얻은 결과를 ⑤에서 빼면 다음과 같습니다.

$$\left(1-\frac{1}{5^s}\right)\left(1-\frac{1}{3^s}\right)\left(1-\frac{1}{2^s}\right)\zeta(s)=1+\frac{1}{7^s}+\frac{1}{11^s}+\frac{1}{13^s}+\frac{1}{17^s}+\frac{1}{19^s}+\frac{1}{23^s}+\frac{1}{25^s}+\cdots$$

이와 같은 과정을 무한히 반복하면 다음과 같은 결과를 얻을 수 있습니다.

$$\cdots\left(1-\frac{1}{11^s}\right)\left(1-\frac{1}{7^s}\right)\left(1-\frac{1}{5^s}\right)\left(1-\frac{1}{3^s}\right)\left(1-\frac{1}{2^s}\right)\zeta(s)=1 \text{ ---⑥}$$

⑥의 좌변에 곱해진 괄호들은 모두 소수에 하나씩 대응되며 무한히 계속됩니다. 그리고 ⑥의 좌변에 있는 괄호들로 양변을 나누면 제타함수는 다음의 식으로 나타낼 수 있습니다.

$$\zeta(s)=\left(1-\frac{1}{2^s}\right)^{-1}\left(1-\frac{1}{3^s}\right)^{-1}\left(1-\frac{1}{5^s}\right)^{-1}\left(1-\frac{1}{7^s}\right)^{-1}\left(1-\frac{1}{11^s}\right)^{-1}\cdots$$
$$=\prod_p(1-p^{-s})^{-1}$$

그리고 제타함수는 $\zeta(s)=\sum_{n=1}^{\infty}n^{-s}$이므로 다음과 같은 간단한 식을 얻지요.

$$\zeta(s)=\sum_{n=1}^{\infty}n^{-s}=\prod_p(1-p^{-s})^{-1}$$

위의 식에서 좌변은 자연수를 차례로 s제곱한 역수의 무한개의 합이고, 우변은 소수의 무한개의 곱입니다. 이것으로부터 우리는 소수가 무수히 많음도 알 수 있습니다.

그런데 얼핏 생각하면 $\zeta(s)=0$을 만족하는 근은 존재하지 않을 것 같지만, 실제로는 제타함수를 변형해서 정의역을 확장하면 많은 근이 존재한다는 것을 알 수 있지요(물론 여기서는 그것까지는 다루지 않겠습니다). 사실 실수 범위에서 $s=-2, -4, -6, -8, \cdots$ 등이 모두 근이고, 이 근들을 자명한 근이라고 합니다.

제타함수는 정의역을 복소수까지 확장할 수 있는데, 그렇게 되면 실수가 아닌 복소수 근이 존재하게 됩니다. 이런 복소수 근을 자명하지 않은 근이라고 하지요. 사실 자명한 근과 자명하지 않은 근이 무엇인지 알기 위하여도 많은 설명이 필요하지만 여기서는 대충 이정도로 알아보고 넘어가기로 하겠습니다.

리만 가설을 다시 쓰면 다음과 같습니다.

제타함수 $\zeta(s)$의 자명하지 않은 모든 근은 실수부가 $\frac{1}{2}$이다.

$\zeta(s)=0$을 만족하는 모든 복소수 근을 $a+bi$의 꼴로 나타낼 때, $a=\frac{1}{2}$이라는 것입니다. 즉, $\zeta(s)=0$의 복소수 근은 $s=\frac{1}{2}+bi$(b는 실수)이지요.

리만 가설이 증명된다면 어떤 일이 벌어질까요? 그 결과가 구체적으로 어떨지는 알 수 없지만 수학과 물리학에 엄청난 변화가 일어날 것은 분명합니다. 오늘날 소수는 암호학이라는 학문 분야를 발전시켰습니다. 암호학에서 소수의 중요성은 두 말하면 잔소리로 절대적인 위치를 차지하고 있지요. 따라서 리만 가설이 해결되면 현대 암호에도 거대한 변화의 바람이 불 것입니다. 지금과는 새로운 형식의 암호방식이 등장할 수도 있고, 현재의 암호방식이 더 공고해질 수도 있습니다. 반대로 오늘날의 암호방식이 무용지물이 될 수도 있습니다. 어느 것도 확실하다고 말하기 힘들지요.

정확하지는 않지만 이해하기 쉽게 비슷한 예를 들어 알아봅시다. 예를 들어 10보다 작은 소수는 2, 3, 5, 7로 4개인데, 이 4개의 소수를 어떤 공식으로 나타낼 수 있다면 주어진 수보다 더 작은 소수를 찾기가 매우 쉬워질 것입니다. 또 100보다 작은 소수의 개수를 알고 싶다면 그 공식에 100을 대입하기만 하면 됩니다. 즉 100보다 작은 소수가 19개이므로 19개를 모두 찾았을 경우 더 이상 찾을 필요가 없고, 19개보다 적게 찾았을 때는 더 찾아야 하지요. 따라서 소수를 찾는데 굉장한 도움이 됩니다.

소수를 찾는 것은 매우 중요합니다. 그 이유는 오늘날 우리가 소수를 암호에 활용하고 있기 때문이지요. 예를 들면, 여러분들이 은행에 개설해 놓은 통장의 비밀번호나 인터넷에서 사용하는 각종 아이디와 패스워드가 거의 대부분 소수를 이용하여 만들어집니다. 이와 같이 소수를 이용한 암호방식인 공개키 암호방식은 매우 복잡하지만, 그 원리는 아주 간단합니다.

두 소수 $p=47$과 $q=73$의 곱이 3,431임을 계산하는 것은 쉽지만, 거꾸로 3,431을 소인수 분해하여 두 소인수 47과 73을 찾는 것은 쉬운 일이 아닙니다. 공개키 암호방식은 이 원리를 이용하여 아주 큰 두 소수 p, q를 비밀로 하고, 그의 곱 $n=pq$를 공개하는 방식입니다. p와 q가 각각 130자리 정도의 소수라면 현재의 계산 방법과 컴퓨터로 이것을 푸는 데 약 한 달이 걸리며, 각각 400자리라면 약 10억 년이 걸린다고 합니다.

공개키 암호체계를 뚫을 수 있는 유일한 방법은 어떤 수를 빠르게 소인수분해(주어진 합성수를 소수의 곱의 꼴로 나누어 소인수들의 곱으로 나타내는 과정)하는 것입니다. 그리고 소인수분해를 빠르게 하려면 먼저 어떤 수가 소수인지 아닌지 알아야 합니다. 이때 리만 가설이 참이라면 소수인지 아닌지를 빠르게 판별할 수 있는 방법이 제공되는 것이므로 소인수분해를 이용한 오늘날의 암호방식은 쉽게 뚫릴 것입니다.

그러나 언젠가는 리만 가설이 해결되리라는 사실은 확실합니다. 수학자들이 이런 황홀한 문제를 남겨두지 않기 때문이지요. 여러 뛰어난 수학자들의 의견을 종합해 보면 지금의 수학 수준으로는 리만 가설을 증명할 수 없다는 데 한목소리를 내고 있습니다.

리만 가설은 참일 수도 있고 거짓일 수도 있습니다. 확실한 것은 그 문제를 해결하는데 시간이 좀 더 걸리겠지만, 언젠가는 반드시 수학의 힘으로 진실이 밝혀질 것입니다.

• 피타고라스의 생각

통합하고 적용하는 삶

우리는 대부분 피타고라스를 '피타고라스 정리'를 만들어낸 고대의 뛰어난 수학자 정도로만 알고 있다. 직각삼각형에 관한 '피타고라스 정리'는 초등기하학에서 가장 아름다운 정리임과 동시에 가장 유용한 정리이기도 하다. 피타고라스 정리는 $a^2+b^2=c^2$인데, 이것에 대한 확실한 논리적인 증명을 처음으로 제시한 사람이 바로 피타고라스이다.

하지만 피타고라스를 수학자로만 알기에는 부족함이 많다. 그는 서양 문명의 원천으로 여겨지는 사상을 이끈 사람이며 천부적 재능과 훌륭한 인격을 타고난 위대한 사람이었다.

피타고라스는 시간의 중요성, 육식과 술을 금하는 것, 탐욕을 피하고, 스스로 절제하는 생활을 했다. 그 덕으로 잠을 적게 잤지만, 비상한 두뇌와 순수한 정신 그리고 주의 깊은 사고와 더불어 육체적 건강 상태를 항상 최상으로 일정하게 유지했다.

또한 그는 성직자와 선생들에게 가르침을 구해 종교의 의미와 원리를 완벽하게 이해했으며, 이를 바탕으로 진리를 찾기 위해 무엇이라도 받아들이고 접목시키려 했다. 피타고라스는 철학과 종교에 대하여 늘 배우는 학생의 자세를 취했다. 피타고라스를 성인으로 여겼던 일화가 있다.

어느 날 피타고라스가 이집트에 가려고 선원들에게 배에 탈 수 있게 허락해 달라고 했다. 선원들은 그의 승선을 허락했는데, 심중에는 그를 이집트로 데려가 노예로 팔 생각이었다. 그러나 선원들은 항해 도중에 생각을 바꾸었다. 그들은 이 젊은이의 분위기와 행동에서 어떤 초자연적인 힘을 느꼈던 것이다.

피타고라스는 2박 3일 동안 음식과 물을 먹지 않고 잠도 자지 않은 채 똑바로 앉아서 조는 것 이외에는 그 자리에서 움직이지 않았다. 그동안 그 배는 마치 어떤 신을 태운듯 아무런 어려움 없이 아주 순조롭고 빠르게 이집트로 항해했다. 선원들은 여태까지 바다가 이토록 순조롭게 뱃길을 내 준 적이 없었기 때문에 틀림없이 피타고라스를 신이라고 생각했다.

피타고라스는 이집트 이곳저곳의 사원과 학교를 순례하며 수행과 공부를 계속했다. 그러는 동안 사람들은 점점 그의 노력과 재능을 높이 평가하며 그를 인정하고 존경하게 되었다. 피타고라스의 뛰어남이 세상에 퍼져나갔지만, 그는 계속해서 지혜로 명성이 있는 사람이거나 또는 다양한 지식의 계승자들을 찾아가 그들에게 겸손하게 가르침을 구했다. 그는 기묘한 밀교의식이라고 하더라도 당시에 이름난 것이면 어떤 것도 무시하지 않고 찾아가 배웠고, 뭔가 훌륭한 것이 있을 것이라고 생각되는 곳은 빠짐없이 방문했다.

결국, 피타고라스는 이집트의 소문난 성직자를 모두 방문하여 그들이 각자 가지고 있던 지혜를 얻게 되었다. 그래서 그는 22년 동안 이집트의 신전과 성소 그리고 천문학과 기하학, 신에 대한 모든 격식을 차린 의식뿐만 아니라 임시방편적인 방법마저도 배웠다.

피타고라스는 새로운 지식과 과거의 지식이 혼합되는 중심에 자신이 서 있다는 것을 알았다. 그는 바빌로니아인과 지식을 교류했고, 조로아스터교의 선과 빛에 관한 최고의 신인 아후라마즈다(AhuraMazda)의 신성한 불꽃 앞에서 몸을 정화하는 의식을 상세히 배웠다. 특히 피타고라스는 숫자, 조화, 운율, 그리고 다양한 수학과 과학지식에 통달했으며 천문학과 하늘의 여러 현상을 해석하여 미래를 예언하는 방법을 터득했다. 피타고라스는 바빌론에서 12년을 보낸 후에 페르시아 제국의 일부분이 된 그의 고향 사모스로 돌아가도 좋다는 허락을 받았는데, 이때 그의 나이는 56세였다.

피타고라스는 고향으로 돌아오자 본격적으로 자신이 알고 있는 지식을 나누기 위해 제자를 양성했다. 수학을 엄격한 논리적 학문으로 변화시키기 시작했다. 그리고 오늘날 피타고라스의 사상은 지금 우리 삶에 적용할 수 있는 부분이 많다.

죽음을 맞이할 당시 피타고라스의 나이는 거의 100세에 가까웠고 피타고라스의 공동체를 39년 동안이나 이끈 상태였다. 전해 내려오는 이야기에 따르면 피타고라스는 메타폰툼에 묻혔다고 하는데, 현재까지 그의 무덤을 확인할 수는 없다고 한다.

· 나가며 ·

수로 세상을 읽을 때 꼭 필요한 생각

지금까지 세상을 수학자처럼 바라보고, 새로운 생각을 해 보고, 사고를 확장하는 여행을 했는데 어땠나요? 부디 생각의 그릇을 넓히는 좋은 시간이었기를, 수학이 재미있다는 생각을 가졌기를 바랍니다. 그런데도 수학이 아직도 지긋지긋하다는 사람이 있다면 마지막으로 이러한 이야기를 들려주고 싶네요.

만약 수학이 없다면 세상은 어떻게 될까요? 상상해 봅시다. 수학이 없다면 시간을 정할 수 없습니다. 해가 떠서 아침이라는 사실은 알 수 있겠지만 몇 시인지 알 수 없지요. 그래서 약속 시간을 지킬 수 없고요. 사실 몇 시에 만나자는 약속 자체를 할 수 없습니다. 더욱이 시간의 흐름을 모르기 때문에 정확한 때를 알 수 없어 농사를 망치게 되고, 나무 열매도 때를 놓쳐 제때 따먹을 수 없게 됩니다. 그나마 가을이 올 때까지 기다려야 하지만 계절의 변화를 알아채는 일도 수학적 지식이 필요하므로 언제 가을이 오고 열매가 언제 익을지 알기 어렵지요.

수학이 없다면 먹이를 구하기 위하여 목숨을 걸고 동물을 사냥하려고 해도 제대로 된 사냥 도구를 만들 수 없습니다. 왜냐하면 창과 활의 앞부분은 삼각형 모양인데, 삼각형은 수학에서 가장 기본이 되는 도형이기 때문이지요. 그런데 수학이 사라지면 삼각형 모양의 질 좋은 창과 화살을 만들어야 한다는 생각 자체를 못하게 되고, 자칫하면 사냥하려는 동물에게 해를 입게 되는 상황이 발생합니다. 설령 운이 좋게 사냥에 성공했어도 먹이를 어떻게 나누어야 할지 몰라서 우왕좌왕하겠지요. 수학이 없다면 분배의 개념조차 없기 때문입니다.

수학이 없다면 집을 지을 수도 없습니다. 집을 짓기 위해서는 어떤 종류의 집을 지을지 설계를 하고, 설계에 맞추어 벽돌이나 나무 철근과 같은 재료를 준비해야 합니다. 그런데 수학이 없으면 이 모든 것을 할 수 없게 됩니다. 수학이 없다면 도형도 없고, 도형이 없다면 설계를 할 수 없지요. 또 직선, 각, 길이, 무게, 부피 등을 정할 수 없으므로 설령 재료가 있더라도 집은 엉망진창으로 지어질 수밖에 없습니다.

컴퓨터는 어떨까요? 수학이 없다면 만들어지지 않았겠지요. 컴퓨터는 0과 1 두 수를 이용하여 전기가 통할 때는 1, 전기가 통하지 않을 때는 0으로 신호를 처리하는 기계입니다. 그런데 수학이 없다면 0과 1도 없기 때문에 이런 일을 할 수 없고 컴퓨터는 존재하지 않습니다. 그래서 우리가 좋아하는 컴퓨터 게임이나 인터넷은 처음부터 이 세상에 존재하지 않겠지요. 결국 우리가 할 수 있는 놀이는 공깃돌이나 땅따먹기 정도가 전부일 테지요. 그러나 이런 놀이도 개수를 세거나 땅의 넓이를 비교하는 일은 불가능합니다.

휴대전화나 텔레비전과 같은 생활 가전제품 역시 수학이 없다면 존재할 수 없습니다. 각종 가전제품은 전기회로가 들어 있는데, 회로는 수학 이론을 바탕으로 설계됩니다. 즉, 회로 자체가 바로 수학이지요. 어떻게든 텔레비전을 만들었다 하더라도 수학이 없으면 채널을 구분할 수 없습니다.

또 휴대전화의 자판에 있는 번호가 모두 사라지게 되면 상대방의 번호를 누를 수 없으므로 전화를 걸지 못하지요. 텔레비전이나 휴대전화는 각각 고유의 주파수로 운용되는데, 수학이 없다면 주파수도 구분할 수 없습니다. 우연히 보고 싶은 채널을 선택하더라도 다른 방송국에서 보낸 신호가 잡힐 수 있어서 원하는 프로그램을 못 보는 경우가 생깁니다.

자동차나 기차, 자전거와 같은 탈 것은 또 어떤가요? 자동차와 기차, 자전거의 복잡한 구조는 둘째 치고, 수학에서 매우 중요한 도형인 원, 즉 둥근 바퀴가 빠져 버리면 헛수고입니다. 자동차의 바퀴가 찌글찌글하게 생겼다면 사람뿐만 아니라 자동차에 실려 있던 물건은 자동차가 이리저리 덜컹거리고 흔들리기 때문에 다른 곳으로 제대로 옮겨놓을 수 없습니다. 자전거도 마찬가지지요. 둥근 바퀴가 없으면 제대로 굴러가지 않기에 결국 두 다리를 이용하여 걷거나 뛰는 수단이 전부입니다.

사람들이 욕망하는 돈 역시, 수학이 없다면 없습니다. 돈이 없으면 산에 사는 사람이 물고기가 먹고 싶을 때 나무 열매를 잔뜩 따서 등에 짊어지고 어촌으로 가서 물고기와 바꾸어야 합니다. 많은 열매를 무겁게 가지고 가서 생선과 바꿨다고 하더라도 다시 생선을 들고 동굴로 돌아와야 하겠지요. 동굴까지의 거리가 너무 멀면 생선은 돌아가는 동안 모두 상해서 결국에는 먹지 못하게 됩니다. 사실 수학이 없다면 물고기와 열매를 비교할 수 없기 때문에 처음부터 교환할 수도 없습니다.

수학이 없어서 딱 하나 좋은 점이 있다면, 여러분은 학교에서 가장 하기 싫은 과목인 수학을 배우지 않아도 된다는 점입니다. 문제는 수학이 없으면 과학도 없기 때문에 학교에서 배울 수 있는 과목은 언어와 사회, 역사와 같은 과목뿐이겠지요. 그마저도 수학을 활용하지 않는 내용만 배울 수 있습니다. 사실 그러한 내용이라면 굳이 학교에 가지 않아도 집에서 충분히 배우겠지요. 마치 동물의 세계에서 생존을 위하여 어미가 새끼에게 사냥의 기술이나 포식자로부터 도망가는 방법을 가르치는 정도만 필요할 테니까요.

그렇다면 결국 문명이라고 할 만한 점은 없습니다. 사자의 날카로운 발톱과 무시무시한 이빨을 피해 발가벗고 들판을 뛰어다니는 여러분을 상상해 보세요! 그것이 바로 수학이 없는 세상입니다.

우리는 살면서 원하든 원하지 않든 매일매일 수학을 셀 수 없이 많이 마주칩니다. 가게에 갔을 때, 게임 점수를 계산할 때, 화분에 물을 줄 때, 요리할 때, 자동차 연비를 계산할 때, 할인 가격을 계산할 때, 벽지를 살 때, 페인트의 양을 결정할 때, 여행을 가기 위하여 집에서 출발 시간을 계산할 때, 용돈을 받을 때 등 매우 많지요. 어떤 경우든지 일상생활에서 수학이 차지하는 비중은 엄청나다고 할 수 있습니다.

이러한 이유 때문에 우리는 수학을 배웁니다. 수학이 일상생활에서 꼭 필요하기 때문에 학교에서는 수학을 가르치고요.

결론적으로 수학은 우리와 같이 존재하기에 가까이해야 하며, 무엇보다 수학은 인류에게 '생각 혁명'이라는 놀라운 사고체계를 선물한 분야임을 잊지 말아야 합니다.

수학자는 어떻게 발견하고 분석하고 활용할까

피타고라스 생각 수업

1판 1쇄 2023년 1월 17일
1판 8쇄 2023년 12월 18일

지은이 이광연
펴낸이 유경민 노종한
책임편집 박지혜
기획편집 **유노라이프** 박지혜 구혜진 **유노북스** 이현정 함초원 조혜진 **유노책주** 김세민 이지윤
기획마케팅 1팀 우현권 이상운 **2팀** 정세림 유현재 정혜윤 김승혜
디자인 남다희 홍진기
기획관리 차은영
펴낸곳 유노콘텐츠그룹 주식회사
법인등록번호 110111-8138128
주소 서울시 마포구 월드컵로20길 5, 4층
전화 02-323-7763 **팩스** 02-323-7764 **이메일** info@uknowbooks.com

ISBN 979-11-91104-57-8(03400)

• — 책값은 책 뒤표지에 있습니다.
• — 잘못된 책은 구입한 곳에서 환불 또는 교환하실 수 있습니다.
• — 유노북스, 유노라이프, 유노책주는 유노콘텐츠그룹 주식회사의 출판 브랜드입니다.